国家中等职业教育改革发展示范学校建设教材

应用数学学习指导书

冯耀川　主编

徐福成　主审

西南交通大学出版社
·成　都·

图书在版编目（CIP）数据

应用数学学习指导书 / 冯耀川主编. —成都：西南交通大学出版社，2014.7（2017.1）

国家中等职业教育改革发展示范学校建设教材

ISBN 978-7-5643-3148-1

Ⅰ. ①应… Ⅱ. ①冯… Ⅲ. ①应用数学－中等专业学校－教学参考资料 Ⅳ. ①O29

中国版本图书馆 CIP 数据核字（2014）第 142086 号

国家中等职业教育改革发展示范学校建设教材

应用数学学习指导书

冯耀川 主编

责任编辑	孟秀芝
封面设计	墨创文化
出版发行	西南交通大学出版社 （四川省成都市二环路北一段 111 号 西南交通大学创新大厦 21 楼）
发行部电话	028-87600564　028-87600533
邮政编码	610031
网　　址	http：//www.xnjdcbs.com
印　　刷	四川五洲彩印有限责任公司
成品尺寸	185 mm × 260 mm
印　　张	11.75
字　　数	278 千字
版　　次	2014 年 7 月第 1 版
印　　次	2017 年 1 月第 2 次
书　　号	ISBN 978-7-5643-3148-1
定　　价	24.00 元

图书如有印装质量问题　本社负责退换

前　言

为了帮助有效地学习应用数学基础，更好地掌握教材的基本内容，培养学生的计算能力和分析问题、解决问题的能力，结合中职学校学生的实际情况，本着实用够用原则，我校组织数学教师编写了《应用数学学习指导书》. 本学习指导书是与冯耀川老师主编的《应用数学》相配套的学生学习用书.

本学习指导书着重培养学生的应用意识，强化专业课的服务性，增强数学的应用性，强化学生的计算能力，并注重学生未来发展的需要. 它具有如下特点：

（1）本书章节和教材相匹配. 本书每一章节由内容提要、例题解析、精选习题和阅读材料四部分组成.

（2）突出应用与实践，注重培养学生的数学应用能力和应用意识. 本书选题难度适中，适合作为中职学生课后自学、练习及复习用书.

（3）强化计算器及 Excel 在专业课程中的计算应用的训练，提高学生计算能力.

本书由冯耀川老师主编，徐福成老师主审. 其中，第一、二章由黄苏华老师编写，第三、五章由冯耀川老师编写，第四、八章由徐福成老师编写，第六、七章由龙薇老师编写.

由于编者水平所限，书中难免存在不妥之处，欢迎使用者批评指正.

编　者

2014 年 4 月

目　录

第 1 章　概率初步

1.1　随机事件

内容提要

1.1.1　基本概念

1. 随机现象

在一定的条件下必然会发生某一结果的现象，称为**确定性现象**；在一定的条件下具有多种可能的结果，究竟发生哪一种结果事先不能肯定的现象，称为**随机现象**.

2. 随机事件

我们把对随机现象的观察称为**随机试验**，简称**试验**. 随机试验的每一种可能的结果称为**随机事件**，简称**事件**.

3. 基本事件

在随机试验中，不能分解的事件称为**基本事件**.

4. 必然事件

每次试验中必然发生的事件称为**必然事件**，记为Ω.

5. 不可能事件

每次试验中不可能发生的事件称为**不可能事件**，记为$\varnothing$.

1.1.2　和事件与积事件

1. 和事件

“事件 A 与事件 B 至少有一个发生”称为事件 A 与事件 B 的**和事件**，记为 $A+B$（或 $A\cup B$）.

“n 个事件 A_1，A_2，…，A_n 至少有一个发生”称为这 n 个事件的和事件，记为 $A_1+A_2+\cdots+A_n$（或 $A_1\cup A_2\cup\cdots\cup A_n$）.

2. 积事件

“事件 A 与事件 B 同时发生”称为事件 A 与事件 B 的**积事件**，记为 $A\cdot B$（或 $A\cap B$）.

“n 个事件 A_1，A_2，…，A_n 同时发生”称为这 n 个事件的积事件，记为 $A_1\cdot A_2\cdots A_n$（或 $A_1\cap A_2\cap\cdots\cap A_n$）.

例题解析

例 1 某人进行一次射击，观察其命中的环数. 试举例说明该随机试验中的随机事件、基本事件、必然事件和不可能事件.

解 在该随机试验中，“中 0 环”“中 1 环”“中 2 环”……“中 10 环”都是随机事件，也是基本事件. 此外，“至少中 9 环”也是随机事件，由于该事件可分解为“中 9 环”与“中 10 环”这两个事件，故不是基本事件.

“命中的环数不超过 10”是每次试验中必然发生的事件，故是一个必然事件.

“命中的环数超过 10”是每次试验中都不可能发生的事件，故是一个不可能事件.

例 2 将一枚硬币掷三次，设 A 为“第一次出正面”，B 为“第二次出正面”，C 为“第三次出正面”，试说明下列各式分别表示什么事件：

（1）$A+B$；（2）$A\cdot B$；

（3）$A+B+C$；（4）$A\cdot B\cdot C$.

解 （1）$A+B$ 表示“前两次中至少有一次出正面”；

（2）$A\cdot B$ 表示“前两次都出正面”；

（3）$A+B+C$ 表示“三次中至少有一次出正面”；

（4）$A\cdot B\cdot C$ 表示“三次都出正面”.

例 3 甲、乙两人分别向同一目标射击，设 A 为“甲击中目标”，B 为“乙击中目标”，试用 A，B 的和与积表示下列事件：

（1）两人都击中目标；

（2）目标被击中.

解（1）“两人都击中目标”表示 A 与 B 同时发生，可用 A 与 B 的积事件 $A \cdot B$ 表示；

（2）“目标被击中”表示 A 与 B 至少有一个发生，可用 A 与 B 的和事件 $A+B$ 表示.

精选习题

1. 请列举一些随机现象的例子.

2. 从分别写有 1，2，3，4，5 的 5 张卡片中任取 1 张，指出下列事件中哪些是必然事件？哪些是不可能事件？哪些是随机事件？

（1）出现的数字不超过 5；

（2）出现的数字是 5；

（3）出现的数字小于 5；

（4）出现的数字大于 4；

（5）出现的数字小于 2 且大于 4；

（6）出现的数字大于 2 且小于 4.

3. 一批产品中有若干次品，从中任取 2 件，设 A 表示“没取到次品”，B 表示“取到 1 件次品”，则 $A+B$ 表示（　　）.

A. 没取到次品　　B. 取到 1 件次品

C. 至少取到 1 件次品　　D. 至多取到 1 件次品

4. 掷一枚骰子，设 A 表示“出现的点数是 2 的倍数”，B 表示“出现的点数是 3 的倍数”，试说明 $A\cdot B$ 和 $A+B$ 分别表示什么事件.

5. 从去掉大小王牌的 52 张扑克牌中先后 3 次各抽取 1 张，设 A 表示“第一次取的是黑桃”，B 表示“第二次取的是黑桃”，C 表示“第三次取的是黑桃”，试说明 $A\cdot B\cdot C$ 和 $A+B+C$ 分别表示什么事件.

6. 一批产品中有正品也有次品，从中抽取 3 次，每次任取 1 件，设 A 表示“第一次取到正品”，B 表示“第二次取到正品”，C 表示“第三次取到正品”，试用 A, B, C 的和与积表示下列事件：

（1）三次都取到正品；

（2）至少有一次取到正品；

（3）至少有两次取到正品.

1.2　事件的概率

内容提要

1.2.1　事件的频率

若在 n 次重复试验中，事件 A 发生的次数为 m，则称 $\frac{m}{n}$ 为事件 A 发生的**频率**.

1.2.2　事件的概率

如果事件 A 发生的频率 $\frac{m}{n}$ 在某个常数附近摆动，且 n 越大，$\frac{m}{n}$ 越接近这个常数，则称这个常数为事件 A 发生的**概率**，记作 $P(A)$.

概率从数量上反映了一个事件发生的可能性的大小. 由于 $0\leqslant\frac{m}{n}\leqslant 1$，可知 $0\leqslant P(A)\leqslant 1$. 显然，必然事件的概率是 1，不可能事件的概率是 0.

例题解析

例 1　某射手在同一条件下进行射击，射击结果如表 1.1 所示.

表 1.1

射击次数	10	20	50	200	400
击中靶心次数	8	19	44	178	364

（1）求表中击中靶心的各个频率；

（2）估计击中靶心的概率.

解　（1）设 A 表示“击中靶心”这个事件，根据表 1.1 提供的数据，可以计算出 A 发生的频率依次为：0.80，0.95，0.88，0.89，0.91.

（2）在实际应用中，我们常取频率的平均值作为概率的

近似值. 因此,

$$P(A) \approx \frac{0.80+0.95+0.88+0.89+0.91}{5} = 0.886$$

精选习题

1. 种子发芽试验中,若 200 粒中有 191 粒发芽,求种子发芽的频率.

2. 对某地区几年之内出生的婴儿进行调查,调查结果如表 1.2 所示.

表 1.2

时间	婴儿总数	男婴数	男婴出生频率
1 年内	5544	2883	
2 年内	9607	4970	
3 年内	13520	6994	
4 年内	17190	8892	

求解下列问题(保留三位小数):

(1)填写表中男婴出生的频率;

(2)估算男婴出生的概率.

3. 对某厂生产的一批产品进行抽查，抽查结果如表 1.3 所示.

表 1.3

抽取产品数	500	1 000	2 000	3 000
合格品数	478	957	1 922	2 859
合格品频率				

求解下列问题（保留三位小数）:

（1）填写表中合格品的频率;

（2）估算抽到合格品的概率.

1.3 等可能事件的概率

1.3.1 等可能事件

如果试验的每一个基本事件出现的可能性是相同的，则称这样的事件为**等可能事件**.

1.3.2 等可能事件的概率

如果试验中的基本事件共有 n 个，且每个基本事件的出现是等可能的，则每个基本事件出现的概率都为 $\frac{1}{n}$. 若随机事件 A 包含了 m 个基本事件，则有

$$P(A)=\frac{m}{n} \tag{1.1}$$

例题解析

例 1 判断下列试验中的基本事件是否是等可能事件：

（1）从分别写有 1，2，3，4，5 的 5 张外形相同的卡片中任取 1 张，观察抽到的号码；

（2）某人进行一次射击，观察命中的环数.

解 （1）该试验有 5 个基本事件："抽到 1""抽到 2"……"抽到 5". 由于卡片的外形相同，抽到任一张的可能性相同，都为 $\frac{1}{5}$，所以该试验的基本事件是等可能事件.

（2）该试验有 11 个基本事件："中 0 环""中 1 环"……"中 10 环".

由于命中各个环数的可能性各不相同，所以该试验的基本事件不是等可能事件.

例 2 先后掷三枚硬币，用 A 表示"两正一反"这个事件，求解下列问题：

（1）该试验中的基本事件总数；

（2）事件 A 所含的基本事件个数；

（3）事件 A 的概率.

解（1）该试验共有 8 个不同的结果：正正正，正正反，正反正，正反反，反正正，反正反，反反正，反反反. 每一个结果对应一个基本事件，因此基本事件共有 $n=8$ 个. 由于硬币是均匀的，每一个结果的出现是等可能的.

（2）事件 A 含有 3 个基本事件：正正反，正反正，反正正，即 $m=3$.

（3）事件 A 的概率为：$P(A)=\dfrac{m}{n}=\dfrac{3}{8}$.

例 3　在 30 件产品中有 3 件次品，从中任取 3 件，求下列事件的概率：

（1）A："全是正品"；

（2）B："恰有一件次品"；

（3）C："至少有一件次品"；

（4）D："全是次品".

解　从 30 件产品中任取 3 件，共有 C_{30}^3 种不同的取法，每种取法对应一个基本事件，即共有 $n=C_{30}^3$ 个基本事件. 由于是任意抽取，任一种取法的出现是等可能的.

（1）"全是正品"的取法有 $m_A=C_{27}^3$ 种，则

$$P(A)=\frac{C_{27}^3}{C_{30}^3}\approx 0.720\,4$$

（2）"恰有一件次品"的取法有 $m_B=C_3^1C_{27}^2$，则

$$P(B)=\frac{C_3^1\cdot C_{27}^2}{C_{30}^3}\approx 0.259\,4$$

（3）"至少有一件次品"的取法有

$$m_C=C_3^1C_{27}^2+C_3^2C_{27}^1+C_3^3$$

或者

$$m_C=C_{30}^3-C_{27}^3$$

则

$$P(C)=\frac{C_3^1\cdot C_{27}^2+C_3^2\cdot C_{27}^1+C_3^3}{C_{30}^3}=\frac{C_{30}^3-C_{27}^3}{C_{30}^3}\approx 0.279\,6$$

（4）"全是次品"的取法有 $m_D=C_3^3$，则

$$P(D)=\frac{C_3^3}{C_{30}^3}\approx 0.000\,2$$

这里 0.000 2 是个很小的数，这说明在该试验中全抽到次品几乎是不可能的. 我们把概率很小的事件称为小概率事件.

精选习题

1. 从分别标有号码 1，2，3，4，5 的 5 张卡片中任取 1 张，求下列事件的概率：

（1）出现的数字不超过 5；

（2）出现的数字是 5；

（3）出现的数字小于 5；

（4）出现的数字大于 4；

（5）出现的数字小于 2 且大于 4；

（6）出现的数字大于 2 且小于 4；

（7）号码是奇数；

（8）号码是偶数.

2. 从分别标有号码 1，2，3，4，5 的 5 张卡片中任取 3 张，排成一个三位数，求下列事件的概率：

（1）所得三位数是奇数；

（2）所得三位数是偶数；

（3）所得三位数以 23 结尾；

（4）所得三位数的百位数是 5.

3. 某测量小组欲选正、副组长各 1 名，现有 7 名男生和 3 名女生候选，求下列事件的概率：

（1）男生当选为正组长；

（2）女生当选为正组长；
（3）女生当选为正组长，男生当选为副组长；
（4）男生当选为正、副组长.

4. 从一副无大、小王牌的 52 张扑克牌中任取 2 张，求下列事件的概率：
（1）取到的两张牌都是黑桃；
（2）取到的两张牌都是 8；
（3）取到的两张牌都是红桃；
（4）取到的两张牌的花色相同.

5. 同时掷甲、乙两枚骰子，求下列事件的概率：
（1）甲出 3 点、乙出 4 点；
（2）一个出 3 点、一个出 4 点；
（3）两枚骰子出现的点数都是偶数；
（4）两枚骰子出现的点数之和为 4.

6. 从甲、乙、丙、丁 4 名员工中选出 2 人，求下列事件的概率：

（1）选中甲上白班、乙上夜班；

（2）选中甲和乙上夜班.

7. 一套书籍共有一、二、三、四卷，将其任意排列到书架的同一层，求下列事件的概率：

（1）自左向右或自右向左恰好排成一、二、三、四卷的顺序；

（2）自左向右排成以第一卷排头的顺序；

（3）自左向右排成以第一卷排头、以第四卷排尾的顺序.

1.4　互斥事件的概率加法公式

内容提要

1.4.1　互斥事件

在一次试验中不能同时发生的事件称为**互斥事件**（或**互不相容事件**），否则称为**相容事件**. 若事件 A 与事件 B 是互斥事件，记为 $A \cdot B = \varnothing$.

1.4.2　互斥事件的概率加法公式

如果事件 A_1，A_2，…，A_n 两两互斥，则有

$$P(A_1 + A_2 + \cdots + A_n) = P(A_1) + P(A_2) + \cdots + P(A_n) \qquad (1.2)$$

1.4.3　对立事件

若事件 A 与事件 B 不能同时发生，且不能同时不发生，即 $A \cdot B = \varnothing$ 且 $A + B = \Omega$ ，则称事件 A 与事件 B 互为**对立事件**（或**互逆事件**）. A 的对立事件记为 $\overline{A}$.

1.4.4　对立事件的概率公式

$$P(\overline{A}) = 1 - P(A) \qquad (1.3)$$

例题解析

例 1　从分别写有 1，2，3，4，5，6 的 6 张卡片中任抽一张卡片，设 A 表示“抽到的数字小于 2”，B 表示“抽到的数字大于 2”，C 表示“抽到的数字大于 1”，判断下列事件中哪些为互斥事件，哪些为对立事件，哪些为相容事件.

（1）A 与 B;（2）B 与 C;（3）A 与 C.

解　该试验共有 6 个基本事件，即

$\Omega=\{$“抽到 1”, “抽到 2”, “抽到 3”, “抽到 4”, “抽到 5”, “抽到 6”$\}$, 事件 A, B, C 包含的基本事件分别为:

A: “抽到 1”;

B: “抽到 3”, “抽到 4”, “抽到 5”, “抽到 6”;

C: “抽到 2”, “抽到 3”, “抽到 4”, “抽到 5”, “抽到 6”.

(1) 由于 A 与 B 不能同时发生, 即 $A\cdot B=\varnothing$, 所以 A 与 B 是互斥事件. 但是 $A+B\neq\Omega$, 所以 A 与 B 不是对立事件.

(2) 由于 B 与 C 含有相同的基本事件, 从而有可能同时发生, 所以 B 与 C 是相容事件.

(3) 由于 A 与 C 不能同时发生, 即 $A\cdot B=\varnothing$, 且 $A+B=\Omega$, 所以 A 与 C 是对立事件.

例 2 在 20 件产品中, 有 12 件一级品, 5 件二级品, 3 件三级品. 从中任取 3 件, 求 “至少取到 1 件一级品” 的概率.

解法一 设 A 表示“至少抽到 1 件一级品”, B 表示“抽到 1 件一级品”, C 表示 “抽到 2 件一级品”, D 表示 “抽到 3 件一级品”, 则 $A=B+C+D$. 由于 B, C, D 两两互斥, 所以

$$\begin{aligned}P(A)&=P(B+C+D)\\&=P(B)+P(C)+P(D)\\&=\frac{\mathrm{C}_{12}^{1}\mathrm{C}_{8}^{2}}{\mathrm{C}_{20}^{3}}+\frac{\mathrm{C}_{12}^{2}\mathrm{C}_{8}^{1}}{\mathrm{C}_{20}^{3}}+\frac{\mathrm{C}_{12}^{3}}{\mathrm{C}_{20}^{3}}\\&=\frac{28}{95}+\frac{44}{95}+\frac{11}{57}\\&=\frac{271}{285}\end{aligned}$$

解法二 由于 $\overline{A}$ 表示 “没有抽到一级品”, 且 $P(\overline{A})=\dfrac{\mathrm{C}_{8}^{3}}{\mathrm{C}_{20}^{3}}=\dfrac{14}{285}$, 所以

$$P(A)=1-P(\overline{A})=1-\frac{14}{285}=\frac{271}{285}$$

精选习题

1. 在某科目的考试中, 设事件 A 表示“全班同学都及格”, 下列关于 A 的逆事件的描述正确的个数是(　　).

（1）全班同学不都及格；

（2）全班同学都不及格；

（3）至少有一位同学不及格；

（4）至多有一位同学不及格.

A. 1 个　　B. 2 个

C. 3 个　　D. 4 个

2. 设 A，B，C 为三事件，用 A，B，C 的运算关系表示下列各事件：

（1）A 发生，B 与 C 不发生；

（2）A 与 B 都发生，C 不发生；

（3）A，B，C 中至少有一个发生；

（4）A，B，C 都发生；

（5）A，B，C 都不发生；

（6）A，B，C 不都发生.

3. 某人在一次射击中，击中 10 环、9 环、8 环的概率分别为 0.18、0.21、0.19，在一次射击中，求解下列问题：

（1）说出事件“至少击中 8 环”的对立事件；

（2）至少击中 8 环的概率；

（3）击中 8 环以上的概率；

（4）击中 8 环以下的概率.

4. 从分别写有 1，2，3，4，5 的 5 张卡片中任抽 1 张，求解下列问题：

（1）指出事件“抽到的数字大于 3”的对立事件；

（2）指出事件“抽到的数字不小于 3”的对立事件；

（3）抽到的数字大于 3 的概率；

（4）抽到的数字不小于 3 的概率.

5. 在 1 000 张卡片中，设有一等奖 3 张、二等奖 7 张、三等奖 15 张，从中任取一张，求解下列问题：

（1）判断事件“抽到一等奖”与事件“不中奖”是否互斥，是否对立；

（2）抽到一等奖的概率；

（3）中奖的概率；

（4）不中奖的概率.

6. 从一副去掉大小王的扑克牌中任取 1 张，判断下列各对事件中哪些为互斥事件，哪些为对立事件.

（1）“抽到红桃 A”与“抽到黑桃 A”；

（2）“抽到红桃”与“没抽到红桃”；

（3）“抽到牌的点数为 3 的倍数”与“抽到牌的点数为 5 的倍数”；

（4）“抽到牌的点数为 3 的倍数”与“抽到牌的点数为 2 的倍数”；

（5）“抽到牌的点数小于 6”与“抽到牌的点数大于 4”；

（6）“抽到牌的点数小于 6”与“抽到牌的点数大于 6”.

7. 甲、乙、丙三人同时进行射击，设 A，B，C 三个事件分别表示甲、乙、丙中靶，试用 A，B，C 表示下列事件：

（1）三人都中靶；

（2）至少一人中靶；

（3）都不中靶.

1.5　独立事件的概率乘法公式

内容提要

1.5.1　独立事件

若事件 A（事件 B）的发生不影响事件 B（事件 A）发生的概率，则称事件 A 与事件 B **相互独立**. 若事件 A 与事件 B 相互独立，则 A 与 $\overline{B}$ 、$\overline{A}$ 与 B 、$\overline{A}$ 与 $\overline{B}$ 均相互独立.

1.5.2　独立事件的概率乘法公式

若事件 A 与事件 B 是相互独立的事件，则

$$P(A \cdot B) = P(A) \cdot P(B) \tag{1.4}$$

若事件 $A_1, A_2, \cdots, A_n$ 相互独立，则

$$P(A_1 \cdot A_2 \cdots A_n) = P(A_1) \cdot P(A_2) \cdots P(A_n) \tag{1.5}$$

例题解析

例 1　判断下列各题中事件 A 与事件 B 是否相互独立.

（1）先后掷甲、乙两枚硬币，A 表示“甲币出正面”，B 表示“乙币出正面”；

（2）30 瓶饮料中有 2 瓶已过保质期，甲、乙两人先后从中任取一瓶，设 A 为“甲取到过期饮料”，B 为“乙取到过期饮料”.

解　（1）由于无论甲币是否出正面，乙币出正面的概率都是 0.5. 也就是说，事件 A 的发生不影响事件 B 发生的概率，所以，事件 A 与事件 B 相互独立.

（2）若甲取到过期饮料，则乙取到过期饮料的概率为 $\frac{1}{29}$；若甲没有取到过期饮料，则乙取到过期饮料的概率为 $\frac{2}{29}$. 也就是说，事件 A 的发生会影响事件 B 发生的概率，所以，事件 A 与事件 B 不相互独立.

例 2　甲、乙两人向同一目标射击，若两人击中目标的概率分别为 0.52 和 0.54，求下列事件的概率：

（1）两人都没击中目标；

（2）恰有 1 人击中目标；

（3）至少有 1 人击中目标.

解　设 A 表示“甲击中目标”，B 表示“乙击中目标”，由于甲是否击中目标不影响乙击中目标的概率，因此 A 与 B 是相互独立事件，且 A 与 $\overline{B}$ 、$\overline{A}$ 与 B 、$\overline{A}$ 与 $\overline{B}$ 均相互独立.

（1）“两人都没击中目标”是 $\overline{A}$ 与 $\overline{B}$ 的积事件，记为 $\overline{A}\cdot\overline{B}$，由式（1.4）可得

$$P(\overline{A}\cdot\overline{B})=P(\overline{A})P(\overline{B})=(1-0.52)(1-0.54)=0.2208$$

（2）“恰有 1 人击中目标”包含两种情况：“甲中、乙不中”，记为 $A\cdot\overline{B}$；“乙中、甲不中”，记为 $\overline{A}\cdot B$. 也就是说，

“恰有 1 人击中目标” $=A\cdot\overline{B}+\overline{A}\cdot B$

由于这两种情况在一次试验中不可能同时发生，即事件 $A\cdot\overline{B}$ 与 $\overline{A}\cdot B$ 是互斥事件，由式（1.2）~式（1.4）可得

$$\begin{aligned}P(A\cdot\overline{B}+\overline{A}\cdot B)&=P(A\cdot\overline{B})+P(\overline{A}\cdot B)\\&=P(A)P(\overline{B})+P(\overline{A})P(B)\\&=0.52\times(1-0.54)+(1-0.52)\times0.54\\&=0.4984\end{aligned}$$

（3）**解法一**　“至少有 1 人击中目标”包含三种情况：“甲中、乙不中”，“乙中、甲不中”，“两人都击中目标”. 也就是说，

“至少有 1 人击中目标” $=A\cdot\overline{B}+B\cdot\overline{A}+A\cdot B$

由于事件 $A\cdot\overline{B}$、$B\cdot\overline{A}$、$A\cdot B$ 两两互斥，由式（1.2）~式（1.4）可得

$$\begin{aligned}&P(A\cdot\overline{B}+\overline{A}\cdot B+A\cdot B)\\&=P(A\cdot\overline{B})+P(\overline{A}\cdot B)+P(A\cdot B)\\&=P(A)P(\overline{B})+P(\overline{A})P(B)+P(A)P(B)\\&=0.52\times(1-0.54)+(1-0.52)\times0.54+0.52\times0.54\\&=0.7792\end{aligned}$$

解法二　由于“至少有 1 人击中目标”的对立事件是“两人都没击中日标”，记为 $\overline{A}\cdot\overline{B}$，而事件 $\overline{A}$ 与事件 $\overline{B}$ 也是相互独立事件，从而有

$$P(\overline{A}\cdot\overline{B})=P(\overline{A})P(\overline{B})=(1-0.52)\times(1-0.54)=0.220\,8$$

因此由式（1.3）可得，“至少有 1 人击中目标”的概率为

$$1-P(\overline{A}\cdot\overline{B})=1-0.220\,8=0.779\,2$$

精选习题

1. 40 个乒乓球中有 3 个红球，从中每次任意抽取 1 个，连续抽两次，A 表示“第一次抽到红球”，B 表示“第二次抽到红球”.

（1）每次抽出球后又放回去，事件 A 与事件 B 是否相互独立?

（2）每次抽出球后不再放回，事件 A 与事件 B 是否相互独立?

2. 甲、乙两人分别解决同一个问题，设 A 表示“甲能解决该问题”，B 表示“乙能解决该问题”，且两人解决该问题的概率分别为 0.3 和 0.4，求解下列问题：

（1）判断 A 与 B 是否相互独立；

（2）两人都没解决该问题的概率；

（3）该问题得到解决的概率.

3. 甲、乙两人在相同条件下击中目标的概率分别为 0.42 和 0.45，求下列事件的概率：

（1）两人都击中目标；

（2）两人都没击中目标；

（3）恰有 1 人击中目标；

（4）至少有 1 人击中目标.

4. 分别掷甲、乙两颗骰子，设 A 表示“甲出 5 点”，B 表示“乙出 6 点”，求解下列问题：

（1）判断事件 A 与 B 是否相互独立；

（2）求甲出 5 点、乙没出 6 点的概率；

（3）求两数之和不为 11 的概率.

1.6 离散型随机变量及其分布

内容提要

1.6.1 离散型随机变量

用于表示随机试验结果的变量称为**随机变量**. 如果随机变量的取值可以一一列出，这样的随机变量称为**离散型随机变量**.

1.6.2 离散型随机变量的分布列

设离散型随机变量 X 可能取的值为

$$x_1, x_2, \cdots, x_i, \cdots$$

X 取每一个 $x_i (i=1,2,\cdots)$ 的概率 $P(X=x_i)=P_i$，则称表 1.4 为随机变量 X 的概率分布，简称为 X 的**分布列**.

表 1.4

X	x_1	x_2	$\cdots$	x_i	$\cdots$
P	p_1	p_2	$\cdots$	p_i	$\cdots$

由概率的性质可知，任一离散型随机变量的分布列都具有以下性质：

（1）$p_i \geqslant 0$，$i=1, 2, \cdots$；

（2）$p_1+p_2+\cdots=1$.

例题解析

例 1 一袋中装有 3 个红色和 6 个白色的乒乓球，从中任取 4 个球，用 X 表示取到红球的个数，求解下列问题：

（1）写出 X 所有可能取的值；

（2）写出 X 的分布列；

（3）求“至少抽到 2 个红球”的概率.

解 （1）由于袋中含有 3 个红球和 6 个白球，从中任取 4 个，取到红球的个数可能是 0 个、1 个、2 个或 3 个，因此 X 可能取的值是 0，1，2，3.

（2）因为

$$P(X=0)=\frac{C_3^0C_6^4}{C_9^4}=\frac{5}{42}，\quad P(X=1)=\frac{C_3^1C_6^3}{C_9^4}=\frac{20}{42}，$$

$$P(X=2)=\frac{C_3^2C_6^2}{C_9^4}=\frac{15}{42}，\quad P(X=3)=\frac{C_3^3C_6^1}{C_9^4}=\frac{2}{42}$$

所以 X 的分布列为：

X	0	1	2	3
$P(X)$	$\frac{5}{42}$	$\frac{20}{42}$	$\frac{15}{42}$	$\frac{2}{42}$

（3）由于事件“至少抽到 2 个红球”可表示为“$X\geqslant 2$”，且事件“$X\geqslant 2$”是由两个互斥事件“$X=2$”与“$X=3$”组成的和事件，所以由互斥事件的概率加法公式可得

$$P(X\geqslant 2)=P(X=2)+P(X=3)$$

$$=\frac{15}{42}+\frac{2}{42}=\frac{17}{42}$$

精选习题

1. 在 30 件产品中有 4 件次品，从中任取 4 件，

（1）写出抽到的次品个数 X 的分布列；

（2）求抽到的次品个数小于 3 件的概率.

2. 掷两枚骰子,

(1) 写出所得点数之和 X 的分布列;

(2) 求所得点数之和是 4 的倍数的概率.

3. 粉笔盒中装有 7 支白粉笔和 4 支红粉笔,从中任取 3 支,求解下列问题:

(1) 写出取到红粉笔的支数 X 的分布列;

(2) 写出取到白粉笔的支数 Y 的分布列;

(3) 至少取到 2 支红粉笔的概率;

(4) 至少取到 2 支白粉笔的概率.

1.7　离散型随机变量的期望和方差

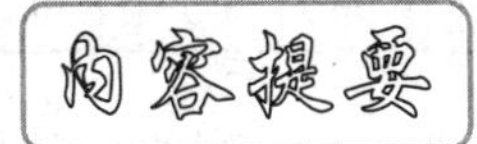

1.7.1　离散型随机变量的数学期望

若离散型随机变量 X 的分布列为：

X	x_1	x_2	$\cdots$	x_n	$\cdots$
P	p_1	p_2	$\cdots$	p_n	$\cdots$

则称

$$EX = x_1p_1 + x_2p_2 + \cdots + x_np_n + \cdots \tag{1.6}$$

为 X 的**数学期望**或**平均值**（简称**期望**或**均值**）.

数学期望反映了随机变量取值的平均状态.

1.7.2　离散型随机变量的方差

若离散型随机变量 X 的分布列为：

X	x_1	x_2	$\cdots$	x_n	$\cdots$
P	p_1	p_2	$\cdots$	p_n	$\cdots$

则称

$$\begin{aligned} DX &= E(X-EX)^2 \\ &= (x_1-EX)^2p_1 + (x_2-EX)^2p_2 + \cdots + (x_n-EX)^2p_n + \cdots \end{aligned} \tag{1.7}$$

为 X 的**方差**；称 $\sqrt{DX}$ 为 X 的**均方差**或**标准差**.

方差或均方差反映了随机变量取值的离散程度. 方差（或均方差）越小，取值越集中；方差（或均方差）越大，取值越分散.

例题解析

例 1　某射手射击命中环数 X 的分布列如表 1.5 所示.

表 1.5

X	4	5	6	7	8	9	10
P	0.02	0.04	0.08	0.17	0.23	0.26	0.20

（1）求该射手命中环数 X 的数学期望；

（2）求该射手命中环数 X 的方差和标准差.

解 由公式（1.4）可得

（1）$$EX = 4\times0.02+5\times0.04+6\times0.08+7\times0.17+8\times0.23+9\times0.26+10\times0.20 = 8.13$$

（2）$$DX = (4-8.13)^2\times0.02+(5-8.13)^2\times0.04+(6-8.13)^2\times0.08+(7-8.13)^2\times0.17+(8-8.13)^2\times0.23+(9-8.13)^2\times0.26+(10-8.13)^2\times0.20 \approx 2.3169$$

$$\sqrt{DX}=\sqrt{2.3169}\approx1.5221$$

例 2 A、B 两台车床生产同一种产品，生产 1 000 件产品所出现的次品数分别用 X 和 Y 表示，其分布列见表 1.6.

表 1.6

X	0	1	2	3
P	0.6	0.2	0.1	0.1

Y	0	1	2	3
P	0.4	0.5	0.1	0.0

试分析哪一台车床的状况好一些？

解 $$EX = 0\times0.6+1\times0.2+2\times0.1+3\times0.1=0.7$$

$$EY = 0\times0.4+1\times0.5+2\times0.1+3\times0.0=0.7$$

$$DX = (0-0.7)^2\times0.6+(1-0.7)^2\times0.2+(2-0.7)^2\times0.1+(3-0.7)^2\times0.1=1.01$$

$$DY = (0-0.7)^2\times0.4+(1-0.7)^2\times0.5+(2-0.7)^2\times0.1+(3-0.7)^2\times0.0=0.41$$

因为 $EX=EY$，可知 A、B 车床出现的平均次品数相同. 而 $DX>DY$，说明 B 车床次品数的取值比较集中. 因此，在 $EX=EY$ 的前提下，由 $DX>DY$ 反映出 B 车床的稳定性较好.

精选习题

1. 从分别写有 1，2，3，4，5 的 5 张卡片中任取 1 张，设出现的点数为 X，求 X 的分布列、DX 和 $\sqrt{DX}$.

2. 在 50 件产品中有 4 件次品，从中任取 3 件，设抽到的次品个数为 X，求解下列问题：

（1）抽到次品数 X 的数学期望；

（2）抽到次品数 X 的方差.

3. 甲、乙两台车床生产同一种产品，生产等量产品所出现的次品数分别用 X 和 Y 表示，分布列见表 1.7. 试利用方差来分析哪一台车床的状况好一些.

表 1.7

X	0	1	2	3
P	0.4	0.3	0.2	0.1

Y	0	1	2	3
P	0.3	0.5	0.2	0.0

4. 甲、乙两射手在相同条件下进行射击，命中环数分别为 X 和 Y，分布列见表 1.8. 试利用命中环数的期望与方差比较两射手的射击水平.

表 1.8

X	8	9	10
P	0.2	0.6	0.2

Y	8	9	10
P	0.4	0.2	0.4

5. 甲、乙两个样本的方差分别是 $S_{甲}^2 = 6.06$，$S_{乙}^2 = 12.23$，由此可以反映（　　）.

A. 样本甲比样本乙的波动大

B. 样本甲比样本乙的波动小

C. 样本甲和样本乙的波动大小相同

D. 样本甲和样本乙的波动大小无法确定

☞ 阅读材料

概率论的起源

掷骰子赌博，至少有5个世纪的历史了. 早在公元1494年，意大利的帕奇欧里在一本有关计算技术的教科书中提出了一个问题：一场赌赛，胜六局才算赢，当两个赌徒一个胜五局，另一个胜两局时，中止赌赛，赌金该怎么分才合理？帕奇欧里给出的答案是按5∶2分.

后来，人们对这种分配原则一直表示怀疑，但没有一个人提出更合适的办法来. 时间过去了半个世纪，另一名意大利数学家卡当（1501—1576）经常出入赌场赌博，并潜心研究赌博不输的方法，出版了一本《赌博之书》. 在这本书中提出这样一个问题：把两颗骰子掷出去，以两颗骰子的点数之和作赌赛，那么，点数之和押多少最有利？卡当认为押7最好，因为两个骰子点数之和的形态有36组，而点数之和有2，3，4，5，6，7，8，9，10，11，12共11组，7是最容易出现的点数之和（如下表中一条对角线上的数字）.

	1	2	3	4	5	6
1	2	3	4	5	6	7
2	3	4	5	6	7	8
3	4	5	6	7	8	9
4	5	6	7	8	9	10
5	6	7	8	9	10	11
6	7	8	9	10	11	12

卡当对这个问题的思考方法，在当时是非常杰出的思想方法，但真正的概率论还没有出现. 不过，卡当对帕奇欧里提出的问题进行过研究，提出了异议，指出需要分析的不是已经赌过的次数，而是剩下的次数. 卡当对问题的解决虽然有了正确的思路，但没有得出正确的答案.

赌博在欧洲的贵族中间极为盛行，分赌金问题引发了众多赌徒们的思考.

时间又过去了一个世纪，公元1651年，法国著名数学家帕斯卡（1623—1662）收到了法国大贵族也是个大赌徒

德 · 美黑的一封信，在信中提出向帕斯卡请教分赌金问题："两个赌徒规定谁先赢 s 局就算赢了，如果一人赢 $a(a<s)$局，另一人赢 $b(b<s)$局时，赌博中止了，应该怎样分配赌本才算公平合理？"

这个问题把帕斯卡给难住了，帕斯卡苦思冥想了三年才悟出了满意的解法，于 1654 年 7 月 29 日把这个题目连同解法一起寄给了另一著名法国数学家费马（1601—1665）. 不久，费马在回信中给出了另一解法. 他们两人频繁通信，深入探讨这类问题. 这个信息，后来被荷兰数学家惠更斯（1629—1695）获悉，惠更斯对这类问题很感兴趣，很快加入了对这一问题的探讨，并把问题探讨的结果载入 1657 年出版的《论骰子游戏中的推理》一书中. 这本书引入了数学期望的概念，是概率论的第一部著作. 这样，数学的一个新分支——概率论——诞生了.

第 2 章　统计初步

2.1　抽样方法

内容提要

2.1.1　总体与样本

我们把研究对象的全体组成的集合称为**总体**，组成总体的每个元素称为**个体**.

从总体中抽取部分个体的过程叫作**抽样**，所抽取的一部分个体称为来自总体的一个**样本**，样本中个体的个数称为**样本的容量**（样本的大小）.

对来自总体容量为 n 的一个样本进行一次观察，所得的一串数据 $(x_1, x_2, \cdots, x_n)$ 称为**样本的观察值**.

满足下面两个条件抽取的样本称为**简单随机样本**.

（1）随机性：总体中每个个体都有同等的机会被抽到.

（2）独立性：每次抽取的结果互不影响.

2.1.2　抽样方法

1. 抽签法

设总体含有 N 个个体，给总体中的所有个体编号，并将号码写在外形相同的号签上，放入一个箱子里充分搅匀. 每次从中抽出一个号签，连续抽 n 次，就得到一个容量为 n 的样本. 这种抽样方法称为**抽签法**.

抽签法适用于总体所含的个体数不多的情景.

2. 系统抽样法

当总体中的个体较多时，可将总体等分成 n 个部分，按照某种预定的规则，从每一部分抽取一个个体，就得到一个容量为 n 的样本. 这种抽样方法称为**系统抽样法**.

3. 分层抽样法

当总体由差异明显的多部分组成时，为了使样本能充分反映总体的特性，将总体分成若干部分（又称分层），再按各部分所占的比例进行抽样. 这种抽样方法称为**分层抽样法**.

例题解析

例 1 某年级有 1 000 名学生，从中抽出 50 名学生参加视力抽样调查.

（1）指出问题中的总体、个体、样本和样本容量；

（2）试设计一种抽样规则，抽取所需的样本.

解（1）在这个问题中，总体是该年级 1 000 名学生的视力；个体是每一个学生的视力；随机抽取的 50 名学生的视力是总体的一个样本；样本容量是 50.

（2）由于总体所含的个体数较大（$N=1\,000$），若用抽签法则需制作 1 000 个号签. 为简便起见，这里采用系统抽样法.

第一步：给个体编号、分组.

假设这 1 000 名学生的随机编号为 1，2，3，…，1 000，由于样本容量为 50，我们将总体等分为 50 个组，每一组都含有 20 个个体. 第 1 组个体的编号是 1，2，…，20；第 2 组个体的编号是 21，22，…，40；……第 50 组个体的编号是 981，982，…，1 000.

第二步：任取一组，采用抽签法抽取一个号码.

假设在第 1 组中采用抽签法，则需制作编号是 1，2，…，20 共 20 个号签. 随机抽取一个号签，比如抽到 8 号.

第三步：获取其他号码，形成样本.

由于每一组都含有 20 个个体，因此从抽到的 8 号起，每隔 20 个号抽取一个号码，这样就得到一个容量为 50 的样本：

$$8,\ 28,\ 48,\ \cdots,\ 968,\ 988$$

几点说明：

（1）给总体中的个体编号有多种方式，例 1 中个体的号码也可以从 0001 到 1 000. 还可以利用已有的编号，如学生的学号、准考证号等.

（2）给所有编号分组时，如果总体的个数 N 不能被样本容量 n 整除，比如 $N=1\ 005$，样本容量 $n=50$，则需先从总体中随机抽出 5 个个体，使余下的个体数 1 000 能被样本容量 50 整除，再利用系统抽样法往下进行.

（3）当总体的个数 N 能被样本容量 n 整除时，可用 $\frac{N}{n}$ 确定分组的间隔（例 1 中 $\frac{1\ 000}{50}=20$）. 在第 1 组抽得一个号码后，依次加上间隔的倍数，即可得到后续的号码，直到获取整个样本.

例 2　某单位有职工 450 人，其中 35 岁以下的有 105 人，35～50 岁的有 260 人，50 岁以上的有 85 人. 为了了解该单位职工身体状况中与年龄有关的某项指标，需要抽取一个容量为 90 的样本. 试利用分层抽样法抽取所需的样本.

解　由于该项指标与年龄有关，所以将总体人数按年龄分为三组：小于 35 岁组，35～50 岁组，大于 50 岁组.

第一步：确定各组抽取的个数. 因为

$$n:N=90:450=1:5$$

所以将各年龄段人数除以 5 即为各组抽取的个数，即

$$\frac{105}{5}=21,\quad \frac{260}{5}=52,\quad \frac{85}{5}=17$$

第二步：获取样本. 利用抽签法或系统抽样法在各组分别抽取指定的个数，然后合在一起就得到抽取的样本.

精选习题

1. 要了解某市初中毕业会考的数学成绩情况，从中抽查了 1 000 名学生的数学成绩，则样本是指（　　）.

A. 该市所有参加毕业会考的学生

B. 该市所有参加毕业会考的学生的数学成绩

C. 被抽查的 1 000 名学生

D. 被抽查的 1 000 名学生的数学成绩

2. 从 1 500 个零件中抽取 20 个测量长度，指出问题中的总体、个体、样本和样本容量.

3. 某礼堂有 21 排座位，每排有 30 个座位. 一次报告会礼堂坐满了听众，会后留下了所有座位号为 18 的 21 名听众进行座谈. 这里运用了哪种抽样方法？

4. 一工厂 3 个车间共有职工 550 人，且 3 个车间人数之比为 2 : 3 : 5. 若用分层抽样法从中抽得一个容量为 50 的样本，这 3 个车间分别应抽取多少人？

5. 某小组有 20 名学生，试用抽签法随机抽取一个容量为 5 的样本，并写出抽样过程.

6. 某年级有 200 名学生，试用系统抽样法按 1∶5 的比例抽取一个样本，并写出抽样过程.

7. 某部门有男职工 63 人、女职工 35 人，试用分层抽样法抽取一个容量为 17 的样本，并写出抽样过程.

2.2　常用统计量

2.2.1　统计量

不包含总体未知参数样本的函数称为**统计量**.

2.2.2　常用统计量

1. 样本均值

设在总体中抽取一个容量为 n 的样本（x_1，x_2，…，x_n），则

$$\overline{x}=\frac{1}{n}\sum_{i=1}^{n}x_i \tag{2.1}$$

称为**样本均值**，它反映了总体的平均状态.

2. 样本方差

设在总体中抽取一个容量为 n 的样本（x_1，x_2，…，x_n），则

$$S^2=\frac{1}{n-1}\sum_{i=1}^{n}(x_i-\overline{x})^2 \tag{2.2}$$

称为**样本方差**，它反映了总体在均值附近的波动大小.

3. 样本标准差

设在总体中抽取一个容量为 n 的样本（x_1，x_2，…，x_n），则

$$S=\sqrt{\frac{1}{n-1}\sum_{i=1}^{n}(x_i-\overline{x})^2} \tag{2.3}$$

称为**样本标准差**，它是样本方差的正平方根，又称均方差.

4. 样本极差

设在总体中抽取一个容量为 n 的样本（x_1，x_2，…，x_n），

则

$$R = x_{\max} - x_{\min} \qquad (2.4)$$

称为**样本极差**.

例题解析

例 1　从参加期末考试的学生中随机抽查了 20 名学生的数学成绩，分数见表 2.1.

表 2.1

92	84	84	86	87	98	73	82	90	93
68	95	84	71	78	60	94	88	77	100

（1）指出问题中的总体、个体、样本和样本容量；

（2）计算样本极差、样本均值、样本方差和样本标准差（精确到 0.01）;

（3）利用计算器的统计计算功能计算样本均值、样本方差和样本标准差（精确到 0.01）.

解（1）在这个问题中，总体是所有参加期末考试学生的数学成绩；个体是每一个参加期末考试学生的数学成绩；随机抽取的 20 名学生的数学成绩是总体的一个样本；样本容量是 20.

（2）找出数据的最大数 100 和最小数 61，则

$$R = 100 - 60 = 40$$

$$\bar{x} = \frac{1}{20}(92 + 84 + \cdots + 100) = 84.20$$

$$S^2 = \frac{1}{19}[(92 - 84.20)^2 + (84 - 84.20)^2 + \cdots + (100 - 84.20)^2]$$

$$\approx 110.17$$

$$S = \sqrt{110.17} \approx 10.50$$

（3）第一步：选择统计模式 MODE 2，显示屏最上方显示 SD.

第二步：清除残存数据 Shift CLR 1 (Sci) =.

第三步：输入数据 92 M^+ 84 M^+ 84 M^+ 86 M^+…77 M^+ 100 M^+.

注：每输入一个数据后，都要按 M^+键，已输入数据的个数会同步显示在屏幕上.

第四步：计算统计量.

算术平均值：$\overline{x}=\frac{1}{n}\sum_{i=1}^{n}x_i$

按键操作： Shift S-VAR 1 ，计算结果：$\overline{x}=84.20$

样本标准差：$S=\sigma_{n-1}=\sqrt{\frac{1}{n-1}\sum_{i=1}^{n}(x_i-\overline{x})^2}$

按键操作： Shift S-VAR 3 ，计算结果：$S\approx 10.50$

样本方差：$S^2=10.50^2\approx 110.17$

注：将样本标准差经过平方运算即得样本方差.

精选习题

1. 设总体的一组样本观察值为 1.2，0.9，1.1，0.8，1.2，1.1，求该样本的均值和方差.

2. 计算下列 10 个数的和、平方和、均值、标准差和方差.

4.1，3.1，3.4，4.6，4.7，3.3，2.3，4.8，4.3，4.5

3. 从某年级的男生中随机抽查了 20 名学生的身高，数据见表 2.2.（单位：cm）

表 2.2

172	170	164	166	167	162	173	182	170	163
168	175	164	171	178	170	164	168	167	160

（1）指出问题中的总体、个体、样本和样本容量；

（2）计算样本极差、样本均值、样本方差和样本标准差（精确到 0.01 cm）.

4. 数 2，－1，0，－3，－2，3，1 的标准差为________.

5. 在某校初三男生中，抽查 100 名引体向上的成绩如表 2.3 所示.

表 2.3

成绩（次）	10	9	8	7	6	5	4	3
人数	30	20	15	15	12	5	2	1

（1）求这些男生成绩的均值和方差；

（2）规定 8 次以上（含 8 次）为优秀，估算该校初三男生此项目成绩的优秀率.

6. 武汉某梁场生产等级为 C55 的 900 t 的预制箱梁. 现有同批次箱梁若干，其标准试件强度如表 2.4 所示.（单位：MPa）

表 2.4

57.3	58.2	60.1	56.9	56.4	56.7
55.8	57.0	56.2	55.3	55.9	55.6
52.7	53.4	58.5			

需计算标准试件强度的均值 R_n 和标准差 S_n，然后再用混凝土强度评定办法对该批箱梁进行强度评定. 试利用表中数据计算 R_n 和 S_n 的值.

2.3　总体分布的估计

内容提要

2.3.1　总体分布的估计

在不知道总体分布的情况下，我们往往是从总体中抽取一个样本，用样本的频率分布去估计总体分布. 一般地，样本的容量越大，这种估计就越精确.

2.3.2　作频率直方图的步骤

1. 数据分组

（1）计算极差：找出数据中的最大数和最小数，计算极差.

（2）确定组距与组数：将一批数据分为若干个组，每组两个端点之间的距离称为组距. 一般情况下，将数据分成 8 ~ 15 组为宜，组距可作适当调整.

（3）确定分点：取小于或等于最小数的一个数作为第一组的起点，每增加一个组距就得到一个分点，相邻两分点之间的数据称为一组数据. 如果数据本身就是分点，我们规定它属于后一组.

2. 作频率分布表

（1）统计频数：将数据分成若干组，用选举时唱票的方法，对落在各个小组内的数据进行累计，得到的累计数称为各个小组的**频数**.

（2）计算频率：频数与样本数据总个数之比称为**频率**，即

$$\text{频率}=\frac{\text{小组频数}}{\text{数据总数}}$$

（3）计算频率密度：频率与组距之比称为**频率密度**，即

$$频率密度=\frac{频率}{组距}$$

3. 画频率直方图

取一直角坐标系，以横轴表示随机变量 X、纵轴表示频率密度 Y，画出一系列矩形. 其中每个矩形的底边长是组距，高是该组的频率密度. 这个图称为**频率直方图**.

例题解析

例 1 为了了解中学生的身体发育情况，对某中学同年龄的 60 名女生的身高进行了测量，结果见表 2.5.（单位：cm）

表 2.5

167	154	159	166	169	159	156	166	162	158
159	156	166	160	164	160	157	156	157	161
158	158	153	158	164	158	163	158	153	157
162	162	159	154	165	166	157	151	146	151
158	160	165	158	163	163	162	161	154	165
162	162	159	157	159	149	164	168	159	153

（1）列出频率分布表；

（2）画出频率直方图；

（3）估算同龄女生中身高在 157.5 ~ 160.5 cm 的概率.

解（1）列出频率分布表.

计算极差：

找出数据中的最大数 169 和最小数 146，则极差为 $R=169-146=23\ (\text{cm})$.

确定组距与组数：

取组距为 3 cm，因 $\frac{极差}{组距}=\frac{23}{3}=7\frac{2}{3}$，故将数据分成 8 组.

确定分点：

取 145.5 为起始点，每增加一个组距就得到一个分点. 如果数据本身就是分点，规定它属于后一组.

作频率分布表，见表 2.6.

表 2.6

组　序	分组	频数	频率	频率密度
1	145.5 ~ 148.5	1	0.016 67	0.005 6
2	148.5 ~ 151.5	3	0.050 00	0.016 7
3	151.5 ~ 154.5	6	0.100 00	0.033 3
4	154.5 ~ 157.5	8	0.133 33	0.044 4
5	157.5 ~ 160.5	18	0.300 00	0.100 0
6	160.5 ~ 163.5	11	0.183 33	0.061 1
7	163.5 ~ 166.5	10	0.166 67	0.055 6
8	166.5 ~ 169.5	3	0.050 00	0.016 7
合　计		60	1	

（2）画频率直方图.

取一直角坐标系，以横轴表示身高、纵轴表示频率密度，画出频率直方图（见图 2.1）.

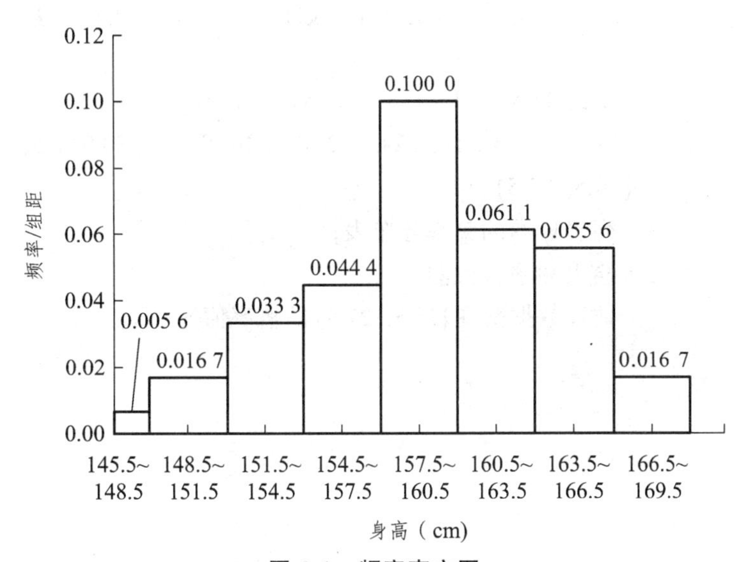

图 2.1　频率直方图

（3）由频率直方图可以得出样本的频率分布，从而估计总体分布．由频率分布表可知，样本数据落在 157.5 ~ 160.5 cm 的频率是 0.3，于是可以估计同龄女生中身高在 157.5 ~ 160.5 cm 的概率约为 30%. 用 X 表示身高的取值，则有 $P(157.5 \leqslant X \leqslant 160.5) \approx 0.3$.

精选习题

1. 某单位召开职工代表大会，代表组成：A 部门有 10 人，B 部门有 12 人，C 部门有 14 人，D 部门有 17 人，E 部门有 15 人，F 部门有 11 人.

（1）作出各部门代表的频率分布表；

（2）画出频率直方图.

2. 有一个容量为 50 的样本，数据的分组及各组的频数如下：

[12.5, 15.5)，3；[15.5, 18.5)，8；[18.5, 21.5)，9；
[21.5, 24.5)，11；[24.5, 27.5)，10；[27.5, 30.5)，5；
[30.5, 33.5)，4

（1）列出样本的频率分布表；

（2）绘出频率直方图；

（3）估算数据落在 [15.5, 27.5) 的概率值.

3. 为了了解中学生的身体发育情况，对某一中学同年龄的 50 名男生的身高进行了测量，结果见表 2.7.（单位：cm）

表 2.7

175	168	170	176	167	181	162	173	171	177
179	172	165	157	172	173	166	177	169	181
160	163	166	177	175	174	173	174	171	171
158	170	165	175	165	174	169	163	166	166
174	172	166	172	167	172	175	161	173	167

（1）列出样本的频率分布表；

（2）画出频率直方图；

（3）估算该中学这个年龄段的男生的身高在 170 cm 以下的约占多少？身高在 165 ~ 170 cm 的约占多少？

4. 已知一个样本含 20 个数据：

68　69　70　66　68　65　64　65　69　62

67　66　65　67　63　65　64　61　65　66

在列频率分布表时，如果取组距为 2，那么应分组，64.5 ~ 66.5 这一组的频率为______，上述样本的容量是______.

2.4　正态分布

2.4.1　正态分布

在生产、科研和日常生活中，常会遇到这样一类随机现象，它们是一些互相独立的偶然因素所引起的，而每一个偶然因素在总的变化里都只是起着微小的作用. 表示这类随机现象的概率分布一般是**正态分布**. 例如，测量的误差、炮弹的弹落点等.

如果总体的概率分布是正态分布，记为 $X \sim N(\mu,\sigma^2)$. 特别地，当 $\mu=0$，$\sigma=1$时的正态分布称为**标准正态分布**，记为 $X \sim N(0,1)$.

正态分布密度函数的图像称为**正态曲线**. 正态曲线的形状完全由参数μ和 σ 确定，其中μ为总体的均值，σ^2 为总体的方差，σ 为总体的标准差.

图 2.2 画出了三条正态曲线，它们的μ 都等于 1，σ 分别等于 0.5，1，2.

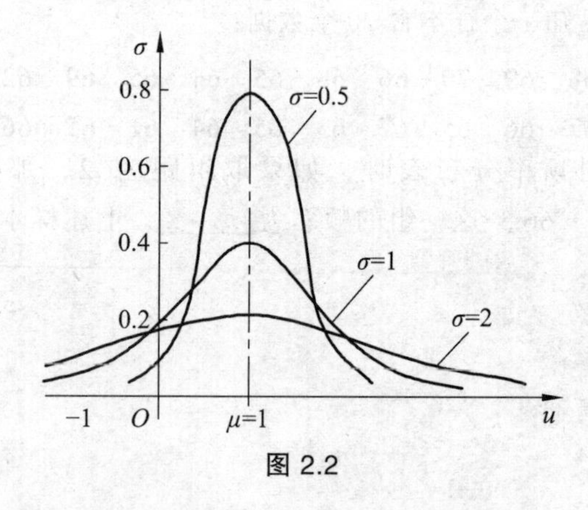

图 2.2

从图 2.2 可以看出，正态曲线具有以下性质：

（1）曲线位于 x 轴的上方，并且关于直线 $x=\mu$ 对称；

（2）曲线在 $x=\mu$ 时处于最高点，并由此向左右两边延伸时，曲线逐渐降低，呈现“中间高，两边低”的形状. 参数 σ 决定了曲线的形状，σ 越大，曲线越“矮胖”（即分布越分散）；σ 越小，曲线越“高瘦”（即分布越集中于μ 的附近）.

2.4.2　3σ原则

可以证明，若 $X \sim N(\mu+\sigma^2)$，则有：

（1）$P(\mu-\sigma < X < \mu+\sigma) = 0.682\,6$　　（2.5）

（2）$P(\mu-2\sigma < X < \mu+2\sigma) = 0.954\,4$　　（2.6）

（3）$P(\mu-3\sigma < X < \mu+3\sigma) = 0.997\,4$　　（2.7）

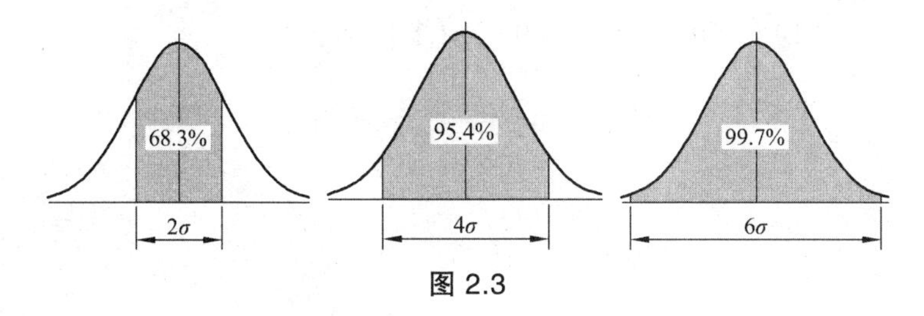

图 2.3

如图 2.3 所示，若 $X \sim N(\mu,\sigma^2)$，则 X 以 99.7%的概率落入 $(\mu-3\sigma,\mu+3\sigma)$ 内. 也就是说，X 的可取值几乎全部在 $(\mu-3\sigma,\mu+3\sigma)$ 内. 这就是统计中所谓的 3σ 原则.

由于 X 的值落在 $(\mu-2\sigma,\mu+2\sigma)$ 之外的概率为 $1-0.954=0.046$，X 的值落在 $(\mu-3\sigma,\mu+3\sigma)$ 之外的概率为 $1-0.997=0.003$，这些概率很小，都不超过 5%. 因此，事件 $X<\mu-2\sigma$ 和 $X>\mu+2\sigma$ 都称为小概率事件.

例题解析

例 1　已知一批钢管的内径尺寸为 $X \sim N(25.40, 0.05^2)$，从中随机抽取 1 000 根钢管，试推算内径在以下范围内的钢管个数：

（1）（25.40 − 0.05，25.40 + 0.05）;

（2）（25.40 − 2 × 0.05，25.40 + 2 × 0.05）.

解　因为 $X \sim N(25.40,\ 0.05^2)$，所以

$$\mu = 25.40,\quad \sigma = 0.05$$

因此　$\mu-\sigma = 25.40-0.05$，$\mu+\sigma = 25.40+0.05$；

$\mu-2\sigma = 25.40-2\times0.05$，$\mu+2\sigma = 25.40+2\times0.05$

（1）由式（2.5）知，钢管的内经落在（25.40 − 0.05，25.40 + 0.05）内有 $0.682\,6 \times 1\,000 \approx 683$（个）;

（2）由式（2.6）知，钢管的内径落在（25.40 − 2 × 0.05，25.40 + 2 × 0.05）内有 $0.954\,4 \times 1\,000 \approx 954$（个）.

精选习题

1. 某糖厂用自动打包机打包，每包质量 $X \sim N(100, 1.2^2)$（单位：kg），一公司从该糖厂进货 1 500 包，试推算糖的质量在下列范围内各有多少包？

（1）$(100-1.2, 100+1.2)$；

（2）$(100-3\times1.2, 100+3\times1.2)$.

2. 某批袋装大米质量 $X \sim N(10, 0.1^2)$（单位：kg），任选一袋大米，它的质量在 9.8 ~ 10.2 kg 的概率是多少？

3. 某部队战士的身高 $X \sim N(172, 5^2)$（单位：cm），现在军服厂要制作 10 000 套军服供应战士换装，求适宜身高在 167 ~ 177 cm 战士穿着的服装要制作多少套？

☞ 阅读材料

统计无处不在

统计数字是现代社会不可缺少的，大到国家每隔一段年限对全国人口进行的普查统计，小至一位老师在考试结束之后对学生的成绩进行分数统计. 如今统计学的理论和方法不仅得到了广泛的应用，而且正在改变着人们对整个自然界和人类社会的认识.

早在 17 世纪，英国商人约翰 · 格朗特曾对政府公布的死亡表进行过研究. 他发现各种疾病、自杀和五花八门的事故导致死亡的人数所占百分比是基本不变的，而因传染病死亡的人数所占百分比波动较大. 1662 年，他将自己的研究成果发表在名为《对死亡表的自然观察和政治观察》一书中，这本书被誉为“真正统计科学的开端”.

1690 年，英国著名经济学家威廉 · 配第沿袭格朗特的方法，通过统计的方法进行社会现象之间的相互比较，他的结果发表在《政治算术》一书中.

到 20 世纪初，生物统计学首先在进化论研究中取得重大收获，英国的皮尔逊致力于大样本研究，他的学生戈赛特改进了他的方法，得到现在常用的 student 分布. 20 世纪 30 年代后，英国的费歇尔成为统计学中心人物，他从 1919 年起致力于数理统计在农业科学和遗传学中的应用，他将 66 年的施肥、管理、气候资料加以整理、归纳，提取信息，为他的理论研究打下了基础. 第二次世界大战开始后，美国的统计学也迅速发展起来，仅投弹问题就有 3 个统计小组进行了 9 项研究. 著名的“序贯分析”就是产生于军事需要. 战后，引人注目的应用，主要在经济计量学方面，在经济关系中存在许多相关的变量，彼此以某种数学模型联系着，尤以其中的随机模型非采用不可，数理统计成了最基本的工具.

随着统计学的发展，在全世界人口中普及统计知识的重要性也成为一种共识. 这是因为人们意识到：作为一个现代社会中的普通一员，不懂得统计就无法应付日常生活中的数据和信息，统计无处不在.

第3章 数值计算初步

3.1 误 差

内容提要

由于人们认识能力和科学技术水平的局限性，在科学问题的研究及解决过程中，如在对某一现象进行测量时，所测得的数值与其真实值不完全相等，这种差异即称为**误差**. 误差是不可避免的，精确是相对的，误差是绝对的. 但随着科学技术水平的发展、人们认识水平的提高和实践经验的增加，误差可以被控制在很小的范围内，或者说测量值可以更接近其真实值.

3.1.1 绝对误差与相对误差

设 x 为准确值，x^* 为 x 的近似值，$x^* - x$ 称为 x^* 的误差；称 $e^* = \left|x^* - x\right|$ 为近似数 x^* 的**绝对误差**；称 $e_r^* = \dfrac{\left|x^* - x\right|}{x}$ 为近似数 x^* 的**相对误差**.

实际应用中，常用下式计算相对误差：

$$e_r^* = \frac{\left|x^* - x\right|}{x} \approx \frac{\left|x^* - x\right|}{x^*}$$

3.1.2 绝对误差限与相对误差限

绝对误差值的一个上限称**绝对误差限**：

$$e^* = \left|x^* - x\right| \leqslant \varepsilon;$$

相对误差值的一个上限称**相对误差限**：

$$e_r^* = \left|\frac{x^* - x}{x}\right| \leqslant \frac{\varepsilon}{x} = \varepsilon_r$$

在实际工作中，经常用 $x^* = x \pm \varepsilon$ 近似数 x^* 的范围.

一般地，为提高计算精度，防止误差扩大与传播，我们应注意以下几点：

（1）避免两相近数相减.

（2）在作乘法运算时，乘数的绝对值应选择小的；在作除法运算时，除数的绝对值应尽可能选择大的，以避免结果误差扩大.

（3）算法设计应尽量减少计算量，且避免“溢出”的产生.

例题解析

例 1　若 $\alpha = \left(\sqrt{2}-1\right)^6$，取 $\sqrt{2} \approx 1.4$（近似值），利用下列计算式来计算 α 的值. 与真值比较，哪个算式最好？

$$\frac{1}{(\sqrt{2}+1)^6},\quad (3-2\sqrt{2})^3,\ \frac{1}{(3+2\sqrt{2})^3},\quad 99-70\sqrt{2}$$

解　因为

$$\sqrt{2}-1 = \frac{1}{\sqrt{2}+1}\quad (\sqrt{2}+1)^2 = 3+2\sqrt{2},\quad (\sqrt{2}-1)^2 = 3-2\sqrt{2}$$

故上述算式都是恒等变形.

上述算式用计算器计算得如下结果：

$$\frac{1}{(\sqrt{2}+1)^6} \approx 0.005\,233$$

$$(3-2\sqrt{2})^3 \approx 0.008\,000$$

$$\frac{1}{(3+2\sqrt{2})^3} \approx 0.005\,051$$

$$99-70\sqrt{2} \approx 1.000\,000$$

而 α 的真值为

$$\alpha = (\sqrt{2}-1)^6 = 0.004\,096\cdots$$

与上面的计算结果比较，说明用 $\frac{1}{(3+2\sqrt{2})^3}$ 计算 α 得近似值误差最小，效果最好；而最后一个算式计算结果误差最大. 我们作一简单分析：因为$\sqrt{2}\approx 1.4$本身有误差，$70\sqrt{2}$相当于把误差扩大 70 倍，因而引起算式较大的误差.

这就说明，我们在进行近似计算时，要提高精度，避免选择出现误差较大的算式.

精选习题

1. 已知平面上三点$A(2,3)$, $B(-3,1)$, $C(4,-3)$,试用不同方法求$\triangle ABC$的面积.

2. 甲乙两个同学分别测量 100 m 的跑道长度和高度约为 2 m 的跳高横杆离地面的高度，已知甲测量跑道的绝对误差为 4 cm，乙测量跳高横杆高度的绝对误差为 1 cm，你认为甲乙两个同学哪个测量的准确度高（绝对误差小）？哪个同学测量的精密度高（相对误差小）？

3. 设准确值为x，x的近似值为x^*，计算下列近似值的绝对误差限和相对误差限：

（1）$x=\sqrt{2}=1.414\,213\cdots$， $x^*=1.414\,2$；

（2）$x=116.856$， $x^*=116.86$；

（3）$x=1.261\times 10^{-5}$， $x^*=1.26\times 10^{-5}$.

3.2　有效数字

内容提要

3.2.1　精确度

利用四舍五入法取一个数的近似数时，四舍五入到哪一位，就说这个近似数精确到哪一位.

3.2.2　有效数字

对于一个近似数，从左边第一个不是 0 的数字起，到精确到的数位止，所有的数字都叫作这个数的**有效数字**.

通常，可以用四舍五入的方法取准确值 x 的前 n 位作为它的近似值 x^*，则 x^* 有 n 位有效数字，其中每一位数字（包括后面的零）都叫作 x^* 的有效数字.

例　设 $x=5.369\ 73$，

取 2 位，$x_1^*=5.3$，有效数字为 2 位；

取 3 位，$x_2^*=5.37$，有效数字为 3 位；

取 4 位，$x_3^*=5.370$，有效数字为 4 位；

取 5 位，$x_4^*=5.369\ 7$，有效数字为 5 位.

特别注意：

（1）有效数字的位数与小数点位置无关. 例如，1.006，21.60，216.5，0.216 5 均是 4 位有效数字；0.036，0.65，0.008 6 均是 2 位有效数字.

（2）近似值后面的零不能随便省去. 例如，3.16 和 3.160 0，前者精确到 0.01，有 3 位有效数字；后者精确到 0.000 1，有 5 位有效数字.

3.2.3　试验数据的有效数字及其表示方法

试验数据的有效数字，与所选的测量单位和测量仪器的准确度有关. 有效数字的位数可用科学计数法表示，通常把有效数字写成一个小数与 10 的幂的乘积，此时乘号前面的数字却为有效数字.

例如，3.200×10^6 表示 4 位有效数字；9.20×10^2 表示 3 位有效数字；2.00×10^3 表示 3 位有效数字.

在工程计算中，中间计算过程的小数位数一般要求比最后结果要求的小数位数多保留一位小数.

例题解析

例 1　依四舍五入法写出下列各数具有 5 位有效数字的近似数.

$\sqrt{2}=1.414\,213\,562\cdots$

$\sqrt{3}=1.732\,050\,808\cdots$

$\pi=3.141\,592\,654\cdots$

解　$(\sqrt{2})^*=1.414\,2$，$(\sqrt{3})^*=1.732\,1$，$(\pi)^*=3.141\,6$

例 2　用科学计数法列出下列数字的有效数字的位数.

1 230（4 位有效数字），57 280（4 位有效数字）

解　$1\,230\to1.230\times10^3$，$57\,280\to5.728\times10^4$

精选习题

1. 下列数据作为经过四舍五入得到的近似数，试指出它们有几位有效数字：

$x_1^*=1.102\,1,\ x_2^*=0.031,\ x_3^*=385.6$

2. 用科学计数法写出下列数字（具有 4 位有效数字）：

$x_1^*=3\,421,\ x_2^*=32\,331,\ x_3^*=385.6$

3. 用计算器计算下列各式的值，计算结果保留 2 位小数.

（1）$\dfrac{217\times10^3}{0.7\times8\times(2\times292+400)}$；

（2）$\sqrt{\left(\dfrac{107.5+39.4}{1.22}\right)^2+104.9^2}$；

（3）$\sqrt{\left(\dfrac{37.5}{75.8}\right)^2+\left(\dfrac{66.7}{122.3}\right)^2}$.

4. 已知 A 点坐标 (X_A,Y_A)，$X_A=1\,000\text{ m}$，$Y_A=1\,000\text{ m}$，方位角 $\alpha_{AB}=35°17'36''$，水平距离 $D_{AB}=200.416\text{ m}$. 试利用下列两组计算式：

（1）$\begin{cases}\Delta X_{AB}=D_{AB}\cos\alpha_{AB}\\ \Delta Y_{AB}=D_{AB}\sin\alpha_{AB}\end{cases}$；（2）$\begin{cases}X_B=X_A+\Delta X_{AB}\\ Y_B=Y_A+\Delta Y_{AB}\end{cases}$

求 B 点坐标（X_B,Y_B）.

5. 将下面数据保留 4 位有效数字：

3.141 6，6.343 6，7.510 50，9.691 499

3.3　插值法

内容提要

已知函数 $y=f(x)$ 在不同的两个点 x_0 和 x_1 处的函数值为 y_0 和 y_1，欲求 $f(x)$ 在 x_0 和 x_1 附近某点 x 的值. 因为 $f(x)$ 本身表达式太复杂，甚至根本不知道，我们只能近似计算 $f(x)$ 的值，就要寻求一个次数不超过一次的函数 $y=ax+b$，使其满足

$$y\big|_{x=x_0}=y_0,\quad y\big|_{x=x_1}=y_1$$

即用 $y=ax+b$ 在局部来近似代替 $f(x)$，通过计算一次函数在点 x 的值，代替 $y=f(x)$ 在点 x 处的准确值.

一次插值公式为

$$y=y_0+\frac{y_1-y_0}{x_1-x_0}(x-x_0)$$

工程计算中，常在 α_1 与 α_2 之间插入一个值 α，求相应 β 的近似值. 按比例式，也可得到插值公式：

α	α_1	α_2
β	β_1	β_2

$$\beta=\beta_1+\frac{\beta_2-\beta_1}{\alpha_2-\alpha_1}(\alpha-\alpha_1)$$

例题解析

例 1　根据下表给出值，用线性插值计算 $\sqrt{5}$.

x	1	4	9	16
y	1	2	3	4

解　取离 $x=5$ 最近的两点 $x_0=4, x_1=9$ 为插值点，得

$$\sqrt{5}\approx 2+\frac{3-2}{9-4}(5-4)=2.2$$

用计算器计算 $\sqrt{5}$ 的准确值：

$$\sqrt{5}=2.236\ 06\cdots$$

比较上面两个结果可以看出，用插值公式计算的结果和准确值来比较，差别不是太大. 所以用插值公式进行计算，可以满足工程计算中一定的精度要求.

精选习题

1. 已知下列数据：

a	1.2	1.5
b	0.85	0.98

计算当 $a=1.35$ 时 b 的近似值.

2. 已知数据表：

α	1.56	1.82
β	4.36	3.13

求当 $\beta=3.82$ 时 α 的近似值.

3. 试利用 100，121 的平方根，求 $\sqrt{115}$ 的近似值.

4. 已知数据表：

x	1.26	1.34
y	2.89	1.72

求：（1）当 $x=1.29$ 时，y 的近似值；

（2）当 $y=2.56$ 时，x 的近似值.

5. 设函数 $y=f(x)$ 的数表如下：

x	0	0.5	1
y	1	0.8	0.5

试用二次插值公式计算 $f(0.7)$ 的值.

3.4　线性回归

内容提要

两个变量间还有另外一种非确定关系，对具有非确定关系的两个变量进行统计分析的方法叫**回归分析**. 在实际工作中，常常从试验数据本身出发，找出规律性的东西，得到经验公式即**回归方程**.

3.4.1　最小二乘法得到回归方程

回归方程

$$y = a + bx$$

其系数计算式

$$\begin{cases} b = \dfrac{\sum\limits_{i=1}^{n}(x_i - \overline{x})(y_i - \overline{y})}{\sum\limits_{i=1}^{n}(x_i - \overline{x})^2} = \dfrac{\sum\limits_{i=1}^{n} x_i y_i - n\overline{x}\overline{y}}{\sum\limits_{i=1}^{n} x_i^2 - n\overline{x}^2} \\ a = \overline{y} - b\overline{x} \end{cases}$$

或写为

$$\begin{cases} b = \dfrac{L_{xy}}{L_{xx}} \\ a = \overline{y} - b\overline{x} \end{cases}$$

其中：

$$L_{xy} = \sum_{i=1}^{n}(x_i - \overline{x})(y_i - \overline{y}) = \sum_{i=1}^{n} x_i y_i - \frac{1}{n}(\sum_{i=1}^{n} x_i)(\sum_{i=1}^{n} y_i) = \sum_{i=1}^{n} x_i y_i - n\overline{x}\overline{y} \tag{3.1}$$

$$L_{xx} = \sum_{i=1}^{n}(x_i - \overline{x})^2 = \sum_{i=1}^{n} x_i^2 - \frac{1}{n}(\sum_{i=1}^{n} x_i)^2 = \sum_{i=1}^{n} x_i^2 - n\overline{x}^2 \tag{3.2}$$

3.4.2　相关系数 r 的意义

$$r = \frac{L_{xy}}{\sqrt{L_{xx}L_{yy}}}$$

式中：$L_{yy}=\sum_{i=1}^{n}(y_i-\overline{y})^2=\sum_{i=1}^{n}y_i^2-\frac{1}{n}(\sum_{i=1}^{n}y_i)^2$.

一般地，当相关系数 r 的绝对值在 0.8 ~ 1.0，即 $0.8\leqslant|r|\leqslant 1$，用回归方程进行有关计算是有实际意义的.

特别注意，在实际应用中，有些非线性回归方程可通过转换化为线性类回归方程来计算. 一般地，以下几类非线性回归可化为一元线性回归，具体方法如下：

（1）指数函数回归方程（$y=a\mathrm{e}^{bx},a>0$）.

两边取对数

$$\ln y=\ln a+bx$$

令

$$Y=\ln y, A=\ln a, B=b, X=x$$

化为

$$Y=A+bX$$

（2）幂函数曲线型回归方程（$y=ax^b,a>0,x>0$）.

两边取对数

$$\ln y=\ln a+b\ln x$$

令

$$Y=\ln y, A=\ln a, X=\ln x$$

得

$$Y=A+bX$$

（3）对数函数曲线型回归方程（$y=a+b\ln x$）.

令 $X=\ln x$，进行数据转换得

$$y=a+bX$$

（4）双曲线型回归方程$\left(\frac{1}{y}=a+\frac{b}{x}\right)$.

令

$$Y=\frac{1}{y},\quad X=\frac{1}{x}$$

得

$$Y=a+bX$$

3.4.3　回归系数计算的主要方法

（1）用计算器有关回归计算功能来计算回归系数.

（2）用 Excel 软件数据分析工具来计算回归系数.

具体操作步骤如下：

以 CASIO fx-350MS科学计算器为例，进行回归方程系数的计算：

（1）计算器显示符号的意义（见表 3.1）.

表 3.1

名　称	方　程	计算器显示符号	对应数字
线性回归	$y=A+Bx$	Lin	1
对数回归	$y=A+B\ln x$	Log	2
指数回归	$y=Ae^{Bx}$	Exp	3
乘方回归	$y=Ax^B$	Pwr	1
逆回归	$y=A+B\frac{1}{x}$	Inv	2
二次回归	$y=A+Bx+Cx^2$	Quad	3

（2）回归模式选择，按 MODE 3 键进入 REG 模式，即回归计算模式.

计算器显示下列画面：

Lin　Log　EXP　REPLAY ⇨ Pwr　Inv　Quad

1　2　3　　1　2　3

（3）选择需要使用的回归种类相对应的数字键 1、2、或 3.

（4）按 SHIFT CLR 1 (Scl) = 　准备输入数据.

（5）数据 x ，数据 y，M+，显示数字的组数（如果输入是第 n 组数据，则显示 n），直到全部数据输入完毕.

（6）求回归系数 A，SHIFT　S-VAR　REPLAY ⇨⇨ 1 =.

（7）求回归系数 B，SHIFT　S-VAR REPLAY ⇨⇨ 2 =.

（8）求相关系数 r，SHIFT　S-VAR REPLAY ⇨⇨ 3 =.

（9）当 $x=x_0$ 时，求 y_0 值，输入 x_0 SHIFT S-VAR REPLAY ⇨⇨⇨ 2 =.

（10）当 $y=y_0$ 时，求 x_0 值，输入 y_0 SHIFT　S-VAR REPLAY ⇨⇨⇨ 1 =.

用 Excel 软件数据分析工具计算回归系数方法，参考 Excel 有关说明.

例题解析

例 1　下表数据表示父亲身高 x 和他们儿子身高 y，求 y 对 x 的回归方程.

父亲身高(x)	65	63	67	64	68	62	70	66	68	67	69	71
儿子身高(y)	68	66	68	65	69	66	68	65	71	67	68	70

解 （1）画散点图 3.1，通过该图分析出数据呈现的分布趋势.

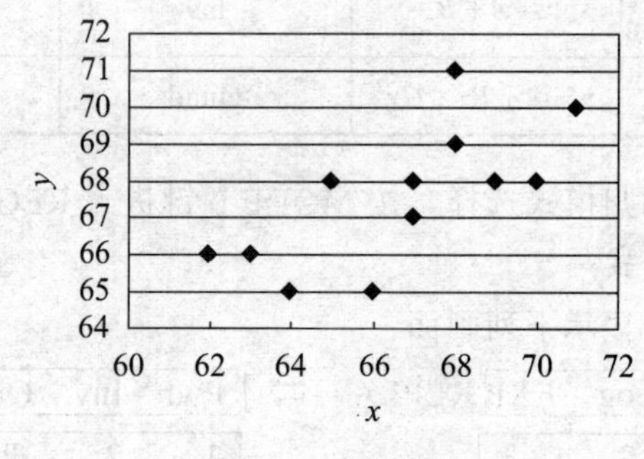

图 3.1　散点图

（2）计算回归系数.

$$b=\frac{L_{xy}}{L_{xx}}=\frac{40.333\,2}{84.106\,8}=0.479\,5$$

$$a=\overline{y}-b\overline{x}=67.58-0.479\,5\times66.67=35.85$$

故 y 对 x 的回归方程（见图 3.2）为

$$y=35.85+0.4795x$$

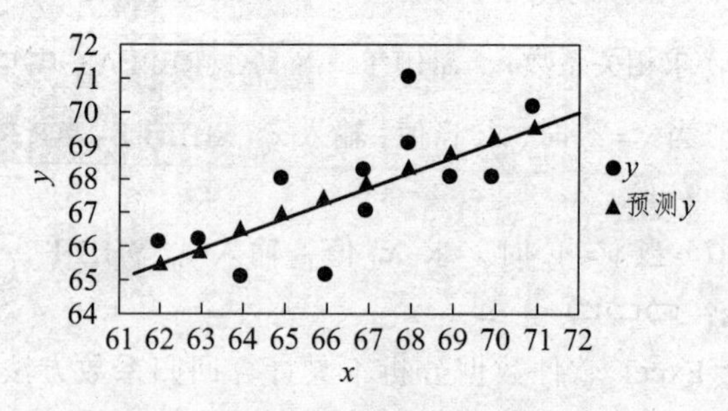

图 3.2　线性回归图

例 2　对 30 块混凝土试件进行强度试验，分别测定其抗压强度 R 和回弹值 N，试验结果如表 3.2 所示，试确定 R-N 之间的线性回归方程.（数据来源：路基路面试验检测技术）

表 3.2

序号	1	2	3	4	5	6	7	8	9	10
$x(N)$	27.1	27.5	30.3	31.0	35.7	35.4	38.9	37.6	26.9	25.0
$Y(R)$/MPa	12.2	11.6	16.9	17.5	20.5	32.1	31.0	32.9	12.0	10.8
序号	11	12	13	14	15	16	17	18	19	20
$x(N)$	28.0	31.0	32.2	37.8	36.6	36.6	24.2	31.0	30.4	33.3
$Y(R)$/MPa	14.4	18.4	22.8	27.9	32.9	30.8	10.8	15.2	16.3	22.4
序号	21	22	23	24	25	26	27	28	29	30
$x(N)$	37.2	38.4	37.6	22.9	30.5	30.4	29.7	36.7	37.8	36.0
$Y(R)$/MPa	31.7	27.0	32.5	10.6	12.9	14.6	18.6	25.4	23.2	28.3

解　计算回归系数：

$\overline{x} = 32.46$， $\overline{y} = 21.14$

$\sum_{i=1}^{n} x_i^2 = 32\,247.27$， $\sum_{i=1}^{n} y_i^2 = 15\,232.64$

$(\sum_{i=1}^{n} x_i)^2 = 948\,091.69$， $(\sum_{i=1}^{n} y_i)^2 = 402\,209.64$

$\sum_{i=1}^{n} x_i y_i = 21\,574.35$， $(\sum_{i=1}^{n} x_i)(\sum_{i=1}^{n} y_i) = 617\,520.54$

代入式（3.1）~式（3.2）得

$$L_{xx} = 644.21,\quad L_{xy} = 990.33$$

$$b = L_{xy} / L_{xx} = 1.537,\quad a = \overline{y} - a\overline{x} = -28.751$$

故回归方程为

$$y = -28.751 + 1.537x$$

把这方程转换为实际问题表示，即

$$R = -28.751 + 1.537N$$

回归系数 b 的物理意义是回弹值 N 每增（减）1，抗压强度相应地增（减）1.537 MPa.

精选习题

1. 某大型施工设备的使用年限 x 与所支出的维修费用 y（单位：万元）如表 3.3 所示. 求：

表 3.3

x	2	3	4	5	6
y	2.4	3.9	4.5	5.6	6.5

（1）y 相对 x 的回归方程；

（2）求当 $x=8$ 时，维修费用 y 的预测值.

2. 已知液体的表面张力 f 是温度 t 的线性函数 $f=a+bt$，现测得某种液体在特定温度下的表面张力如表 3.4 所示. 试用最小二乘法确定系数常数 a 与 b，并估计 $t=50$ 时，张力 f 是多大.

表 3.4

t	0	10	20	30	40	80	90	100
f	68.0	67.1	66.4	65.6	64.6	61.8	61.0	60.0

3. 在腐蚀刻线时，为了寻求腐蚀深度 y 与腐蚀时间 x 之间的关系，对某种产品表面进行 10 次腐蚀刻线试验，得到腐蚀深度 y 与腐蚀时间 x 对应的 10 组数据（见表 3.5）. 求：y 对 x 的线性回归方程，并估计当 $x = 75$ s 时腐蚀深度 y 的值.

表 3.5

时间 x/s	5	10	15	20	30	40	50	60	70	90
深度 y/μm	6	10	10	13	16	17	19	23	25	29

4. 以家庭为单位的某种商品年需求量与该商品价格间的一组调查数据如表 3.6 所示. 求：

表 3.6

价格 p_i/元	1	2	2	2.3	2.5	2.6	2.8	3	3.3	3.5
需求量 d_i/kg	5	3.5	3	2.7	2.4	2.5	2	1.5	1.2	1.2

（1）画散点图；

（2）求需求量 d 关于价格 p 的回归方程.

☞ 阅读材料

数学建模

在科学技术发展过程中，人们用建立数学模型的办法解决需要寻求数量规律的现实问题，取得了不少成果. 在计算机技术迅速发展的今天，数学建模成为数学向科学技术转化的主要途径. 数学建模是联系数学和实际问题的桥梁，是数学在各个领域广泛应用的具体实现. 数学建模在科学技术发展中的重要作用受到人们的普遍重视，成为现代科技工作者必备的重要能力之一.

数值计算主要是研究用计算机求解各种数学问题的计算方法及其理论与软件实现. 计算机解决实际问题的主要过程有：① 实际问题；② 数学模型；③ 数值计算方法；④ 程序设计；⑤ 上机计算求出结果.

数学建模本身不是新东西，但它几乎是一切应用科学的基础. 古今中外，凡是要用数学来解决的实际问题，几乎都是通过数学建模的过程来进行的. 20 世纪以来，科学技术得到飞速发展，数学在这个发展过程中发挥了不可替代的作用. 同时，计算机的迅速发展和普及，大大增强了数学解决现实问题的能力. 数学模型这个词汇也越来越多地出现在现代人的生活、工作和社会活动中，如天气预报数学模型、交通控制数学模型等. 模型是客观事物一种简化的表示和体现，如实物模型——飞机模型、建筑模型. 什么是数学模型呢？数学模型即通过抽象和化简，使用数学的语言，对实际问题的一个近似描述，以便人们更深刻地认识所研究的对象. 数学模型是架于数学与实际问题之间的桥梁. 数学模型具有三个特征：实践性、应用性、综合性. 数学建模的过程（见图 3.3）就是建立数学模型来解决各种实际问题的过程.

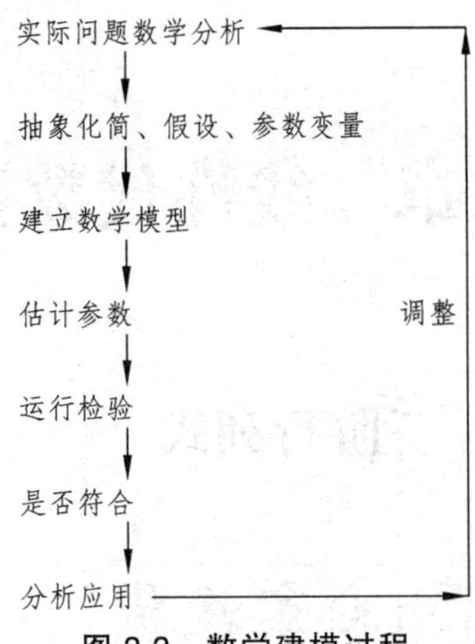

图 3.3　数学建模过程

初等数学建模实例

一房地产公司有 50 套公寓要出租，当租金定为每套每月 180 元时，公寓会全部租出去；当租金每月增加 10 元时，就有一套公寓租不出去，而租出去的房子每月需花费 20 元的整修维护费.

（1）建立总收入与租金之间的数学模型.

（2）当房租定为多少时可获得最大收入？

解（1）建立数学模型.

设租金 x 元/月，租出去的公寓有 $50-\left(\dfrac{x-180}{10}\right)$套，总收入为 R，所以

$$\begin{aligned}R&=(x-20)\left[50-\left(\frac{x-180}{10}\right)\right]\\&=(x-20)(68-x/10)\end{aligned}$$

（2）问题归结为：当 x 为多少时，R 取最大值.

$$R'(x)=70-\frac{x}{5}=0$$

得
$$x=350\ (\text{元/月})$$

$R(x)$只有一个驻点，且为极大值点，也为最大值点. 这时总收入为

$$R(350)=10\,890\ (\text{元})$$

第 4 章　线性代数初步

4.1　二阶、三阶行列式

4.1.1　二阶行列式

规定二阶行列式的计算：

$$\begin{vmatrix} a & b \\ c & d \end{vmatrix} = ad - bc$$

设二元线性方程组为

$$\begin{cases} a_{11}x_1 + a_{12}x_2 = b_1 \\ a_{21}x_1 + a_{21}x_2 = b_2 \end{cases} \tag{4.1}$$

$$D = \begin{vmatrix} a_{11} & a_{12} \\ a_{21} & a_{22} \end{vmatrix}，\ D_1 = \begin{vmatrix} b_1 & a_{12} \\ b_2 & a_{22} \end{vmatrix}，\ D_2 = \begin{vmatrix} a_{11} & b_1 \\ a_{21} & b_2 \end{vmatrix}$$

当 $D \neq 0$ 时，线性方程组（4.1）的解可表示为

$$\begin{cases} x_1 = \dfrac{D_1}{D} \\ x_2 = \dfrac{D_2}{D} \end{cases}$$

其中，D 称为线性方程组（4.1）的系数行列式，D_1 和 D_2 是以 b_1、b_2 分别替代行列式 D 中的第一列，第二列的元素所得到的两个二阶行列式.

定理（克莱姆法则）

若二元线性方程组（4.1）的系数行列式 $D \neq 0$,则该方程组有唯一解

$$x_1 = \frac{D_1}{D}，\ x_2 = \frac{D_2}{D}$$

4.1.2　三阶行列式

由 3^2 个数 $a_{ij}(i,j=1,2,3)$ 所排成的三行三列的记号

$$\begin{vmatrix} a_{11} & a_{12} & a_{13} \\ a_{21} & a_{22} & a_{23} \\ a_{31} & a_{32} & a_{33} \end{vmatrix}$$

称为三阶行列式，规定它的值为

$$\begin{vmatrix} a_{11} & a_{12} & a_{13} \\ a_{21} & a_{22} & a_{23} \\ a_{31} & a_{32} & a_{33} \end{vmatrix} = a_{11}a_{22}a_{33}+a_{12}a_{23}a_{31}+a_{13}a_{21}a_{32}-$$

$$a_{11}a_{23}a_{32}-a_{12}a_{21}a_{23}-a_{13}a_{22}a_{31}$$

三阶行列式有三行三列共 9 个元素，其展开式有 6 项，每项都是不同行不同列的 3 个元素的乘积，其中有三项为正，三项为负，这就叫作三阶行列式按对角线展开.

设三元线性方程组为

$$\begin{cases} a_{11}x_1+a_{12}x_2+a_{13}x_3=b_1 \\ a_{21}x_1+a_{22}x_2+a_{23}x_3=b_2 \\ a_{31}x_1+a_{32}x_2+a_{33}x_3=b_3 \end{cases} \tag{4.2}$$

$$D=\begin{vmatrix} a_{11} & a_{12} & a_{13} \\ a_{21} & a_{22} & a_{23} \\ a_{31} & a_{32} & a_{33} \end{vmatrix}, \quad D_1=\begin{vmatrix} b_1 & a_{12} & a_{13} \\ b_2 & a_{22} & a_{23} \\ b_3 & a_{32} & a_{33} \end{vmatrix},$$

$$D_2=\begin{vmatrix} a_{11} & b_1 & a_{13} \\ a_{21} & b_2 & a_{23} \\ a_{31} & b_3 & a_{33} \end{vmatrix}, \quad D_3=\begin{vmatrix} a_{11} & a_{12} & b_1 \\ a_{21} & a_{22} & b_2 \\ a_{31} & a_{32} & b_3 \end{vmatrix}$$

定理（克莱姆法则）

若三元线性方程组（4.2）的系数行列式 $D\neq 0$,则该方程组有唯一解

$$x_1=\frac{D_1}{D},\quad x_2=\frac{D_2}{D},\quad x_3=\frac{D_3}{D}$$

例题解析

例 1 计算下列二阶行列式：

$$(1)\begin{vmatrix}3&5\\-2&4\end{vmatrix};(2)\begin{vmatrix}b&3\\-a&4\end{vmatrix};(3)\begin{vmatrix}a&3b\\4c&2a\end{vmatrix}.$$

解 (1) $\begin{vmatrix}3&5\\-2&4\end{vmatrix}=3\times4-(-2)\times5=24$；

(2) $\begin{vmatrix}b&3\\-a&4\end{vmatrix}=4b-(-a)\times3=3a+4b$；

(3) $\begin{vmatrix}a&3b\\4c&2a\end{vmatrix}=a\times2a-4c\times3b=2a^2-12bc$.

例 2 求下列三阶行列式的值：

$$(1)\begin{vmatrix}1&-4&1\\1&-2&3\\1&-1&1\end{vmatrix};(2)\begin{vmatrix}a&a&a\\-a&a&a\\-a&-a&a\end{vmatrix};(3)\begin{vmatrix}3&2&1\\2&3&1\\1&2&3\end{vmatrix}.$$

解

$$(1)\begin{vmatrix}1&-4&1\\1&-2&3\\1&-1&1\end{vmatrix}=1\times(-2)\times1+1\times(-1)\times1+(-4)\times3\times1-$$

$$1\times(-2)\times1-1\times(-4)\times1-(-1)\times3\times1$$

$$=-6$$

$$(2)\begin{vmatrix}a&a&a\\-a&a&a\\-a&-a&a\end{vmatrix}=a\times a\times a+(-a)\times(-a)\times a+a\times a\times(-a)-$$

$$(-a)\times a\times a-(-a)\times a\times a-(-a)\times a\times a$$

$$=a^3+a^3-a^3+a^3+a^3+a^3=4a^3$$

$$(3)\begin{vmatrix}3&2&1\\2&3&1\\1&2&3\end{vmatrix}=3\times3\times3+2\times2\times1+2\times1\times1-$$

$$1\times3\times1-2\times2\times3-2\times1\times3$$

$$=12$$

例 3 解下列方程 $\begin{vmatrix}x^2&1&2\\x&2&1\\2&1&1\end{vmatrix}=0$.

解（1）由已知

$$\begin{vmatrix} x^2 & 1 & 2 \\ x & 2 & 1 \\ 2 & 1 & 1 \end{vmatrix} = x^2\times2\times1 + x\times1\times2 + 1\times1\times2 -$$

$$2\times2\times2 - x\times1\times1 - 1\times1\times x^2$$

$$= 0$$

即　　$x^2 + x - 6 = 0$

解之　　$x_1 = -2, x_2 = 3$

例 4　用克莱姆法则解三元线性方程组

$$\begin{cases} x_1 - x_2 - 3x_3 = 2 \\ 2x_1 - x_2 + 2x_3 = 0 \\ 3x_1 \qquad + x_3 = 3 \end{cases}.$$

解　系数行列式

$$D = \begin{vmatrix} 1 & -1 & -3 \\ 2 & -1 & 2 \\ 3 & 0 & 1 \end{vmatrix} = -14 \qquad D_1 = \begin{vmatrix} 2 & -1 & -3 \\ 0 & -1 & 2 \\ 3 & 0 & 1 \end{vmatrix} = -17$$

$$D_2 = \begin{vmatrix} 1 & 2 & -3 \\ 2 & 0 & 2 \\ 3 & 3 & 1 \end{vmatrix} = -16 \qquad D_3 = \begin{vmatrix} 1 & -1 & 2 \\ 2 & -1 & 0 \\ 3 & 0 & 3 \end{vmatrix} = 9$$

根据克莱姆法则，得线性方程组的解为

$$x_1 = \frac{D_1}{D} = \frac{17}{14},\quad x_2 = \frac{D_2}{D} = -\frac{8}{7},\quad x_3 = \frac{D_3}{D} = -\frac{9}{14}$$

精选习题

一、判断题

1. 行列式是一个数值.　（　）

2. 若 $\begin{vmatrix} 1 & 2 & 3 \\ 4 & 5 & 6 \\ 2 & 4 & x \end{vmatrix} = 0$，则 $x = 6$.　（　）

3. $\begin{vmatrix} a & b \\ c & d \end{vmatrix} = ab - cd$.　（　）

4. 若三元线性方程组 $\begin{cases} a_{11}x_1 + a_{12}x_2 + a_{13}x_3 = b_1 \\ a_{21}x_1 + a_{22}x_2 + a_{23}x_3 = b_2 \\ a_{31}x_1 + a_{32}x_2 + a_{33}x_3 = b_3 \end{cases}$ 的系数行列式不等于零，则此方程组有唯一的一组解.　（　）

二、填空题

1. 若三元线性方程组（4.2）的系数行列式 $D \neq 0$,则该方程组有唯一解：$x_1 =$ ______，$x_2 =$ ______，$x_3 =$ ______．

2. $\begin{vmatrix} 2 & -4 \\ x & 3 \end{vmatrix} = 0$，则 $x =$ ______．

3. $\begin{vmatrix} 1 & -1 & 2 \\ 2 & 3 & -2 \\ 3 & x & 1 \end{vmatrix} = 3$，则 $x =$ ______．

4. 用克莱姆法则解二元线性方程组 $\begin{cases} 2x-3y=1 \\ 3x+2y=2 \end{cases}$，得 $x =$ _____，$y =$ ______．

三、选择题

1. $\begin{vmatrix} 1 & -2 & 4 \\ 2 & 3 & 2 \\ 4 & 6 & 4 \end{vmatrix}$ 的值为(　　)．

A. 3　　B. 2　　C. 1　　D. 0

2. 设二元线性方程组为 $\begin{cases} a_{11}x_1 + a_{12}x_2 = b_1 \\ a_{21}x_1 + a_{21}x_2 = b_2 \end{cases}$，则它的解的可能情况是(　　)．

A. 有唯一一组解　　B. 有无穷多组解

C. 无解　　D. 以上结论都有可能

3. 已知方程 $\begin{vmatrix} x^2 & 1 & 2 \\ 1 & 2 & 0 \\ 0 & 1 & 2 \end{vmatrix} = 0$ 则 x 等于(　　)．

A. 0　　B. －1 或 1

C. －1 或 1　　D. 0 或 2

4. 三阶行列式 $\begin{vmatrix} -a & -a & -a \\ a & -a & -a \\ a & a & -a \end{vmatrix}$ 的值为(　　)．

A. $4a^3$　　B. $2a^3$　　C. $-2a^3$　　D. $-2a^3$

四、解答题

1. 计算下列二阶和三阶行列式：

（1）$\begin{vmatrix} 200 & 100 \\ 150 & 300 \end{vmatrix}$；　　（2）$\begin{vmatrix} 3a & 4b \\ 2a & -5b \end{vmatrix}$；

（3）$\begin{vmatrix} 5 & 4 & 0 \\ -2 & 3 & 1 \\ 2 & 1 & 3 \end{vmatrix}$；　　（4）$\begin{vmatrix} a & 5 & 1 \\ 2a & 3 & -a \\ 2 & a & 1 \end{vmatrix}$.

2. 用克莱姆法则解下列线性方程组：

（1）$\begin{cases} 2x-3y=4 \\ 3x+5y=3 \end{cases}$；　　（2）$\begin{cases} 3x_1-5x_2=4 \\ 4x_1+2x_2=0 \end{cases}$；

（3）$\begin{cases} 2x-y+z=1 \\ 2x+3y-z=2 \\ x-2y+2z=0 \end{cases}$；　　（4）$\begin{cases} x_1+2x_2+3x_3=1 \\ 2x_1-3x_2+x_3=0 \\ 3x_1+x_2-x_3=3 \end{cases}$.

3. 解下列方程：

（1）$\begin{vmatrix} x^2 & 4 & -9 \\ x & 2 & 3 \\ 1 & 1 & 1 \end{vmatrix} = 0$；（2）$\begin{vmatrix} x-1 & -2 & -3 \\ -2 & x-1 & -3 \\ -3 & -3 & x-6 \end{vmatrix} = 0$.

4. 讨论二元线性方程组$\begin{cases} 2x - my = 1 \\ 3x + 2y = 2 \end{cases}$解的情况：有唯一解、无解、有无穷多组解.

4.2　矩阵的概念及其运算

4.2.1　矩阵的概念

定义　由 $m\times n$ 个数排成的 m 行 n 列的数表

$$\begin{bmatrix} a_{11} & a_{12} & \cdots & a_{1n} \\ a_{21} & a_{22} & \cdots & a_{2n} \\ \vdots & \vdots & & \vdots \\ a_{m1} & a_{m2} & \cdots & a_{mn} \end{bmatrix}$$

叫作 m 行 n 列矩阵（或叫作 $m\times n$ 矩阵），其中 $a_{ij}(i=1,2,\cdots,m;j=1,2,\cdots,n)$ 叫作矩阵的元素，i,j 分别叫作 a_{ij} 的行标和列标，通常用大写字母 $\boldsymbol{A},\boldsymbol{B},\cdots$ 或（a_{ij}），$(b_{ij}),\cdots$ 表示矩阵，也可记作 $\boldsymbol{A}_{m\times n}$ 或 $(a_{ij})_{m\times n}$.

当 $m=n$ 时，矩阵 $\boldsymbol{A}_{m\times n}$ 叫作 **$\boldsymbol{n}$ 阶方阵**；

当 $m=1$ 时，矩阵只有一行，即 $(a_1,a_2,\cdots,a_n)$ 叫作**行矩阵**；

当 $n=1$ 时，矩阵只有一列，即 $\begin{bmatrix} b_1 \\ b_2 \\ \vdots \\ b_n \end{bmatrix}$ 叫作**列矩阵**；

元素都是 0 的矩阵叫作**零矩阵**，记作 $\boldsymbol{O}_{m\times n}$ 或 $\boldsymbol{O}$. 方阵中元素 $a_{11},a_{22},\cdots,a_{nn}$ 所在的对角线叫作主对角线，除主对角线上的元素外，其余元素都是 0 的 n 阶方阵，叫作**对角矩阵**. 即

$$\begin{bmatrix} a_{11} & 0 & \cdots & 0 \\ 0 & a_{22} & \cdots & 0 \\ \vdots & \vdots & & \vdots \\ 0 & 0 & 0 & a_{nn} \end{bmatrix}$$

主对角线上的元素都是 1 的对角矩阵叫作**单位矩阵**，记作 $\boldsymbol{E}$，即

$$\boldsymbol{E}=\begin{bmatrix} 1 & 0 & \cdots & 0 \\ 0 & 1 & \cdots & 0 \\ \vdots & \vdots & & \vdots \\ 0 & 0 & \cdots & 1 \end{bmatrix}$$

把矩阵 $\boldsymbol{A}$ 的行与列依次互换，所得的矩阵叫作 $\boldsymbol{A}$ 的**转**

置矩阵，记作 $\boldsymbol{A}'$，设 $\boldsymbol{A}=\begin{bmatrix} a_{11} & a_{12} & \cdots & a_{1n} \\ a_{21} & a_{22} & \cdots & a_{2n} \\ \vdots & \vdots & & \vdots \\ a_{m1} & a_{m2} & \cdots & a_{mn} \end{bmatrix}$ 则

$$\boldsymbol{A}'=\begin{bmatrix} a_{11} & a_{21} & \cdots & a_{m1} \\ a_{12} & a_{22} & \cdots & a_{m2} \\ \vdots & \vdots & & \vdots \\ a_{1n} & a_{2n} & \cdots & a_{mn} \end{bmatrix}$$

显然　$$(\boldsymbol{A}')'=\boldsymbol{A}$$

如果 $\boldsymbol{A}=(a_{ij})$ 与 $\boldsymbol{B}=(b_{ij})$ 都是 m 行 n 列矩阵，并且它们的对应元素都相等，即 $a_{ij}=b_{ij}(i=1,2,\cdots,m;j=1,2,\cdots,n)$，则称矩阵 $\boldsymbol{A}$ 与矩阵 $\boldsymbol{B}$ 是相等的，记作 $\boldsymbol{A}=\boldsymbol{B}$，注意行列式是一个数值，矩阵是一个数表.

例 1　已知 $\boldsymbol{A}=\begin{bmatrix} a+b & 3 \\ 3 & a-b \end{bmatrix}$，$\boldsymbol{B}=\begin{bmatrix} 7 & 2c+d \\ c-d & 3 \end{bmatrix}$，而且 $\boldsymbol{A}=\boldsymbol{B}$，求 a,b,c,d.

解　根据矩阵相等的定义，可得方程组

$$\begin{cases} a+b=7 \\ 3=2c+d \\ 3=c-d \\ a-b=3 \end{cases}$$

解得　$$a=5,\ b=2,\ c=2,\ d=-1$$

通常把由方阵 $\boldsymbol{A}$ 的元素按原来次序所构成的行列式叫作矩阵 $\boldsymbol{A}$ 的行列式，记作 $|\boldsymbol{A}|$.

4.2.2　矩阵的加法和减法

定义　两个 m 行 n 列的矩阵 $\boldsymbol{A}=(a_{ij})$ 与 $\boldsymbol{B}=(b_{ij})$ 相加（减），它们的和（差）为 $\boldsymbol{A}\pm\boldsymbol{B}=(a_{ij}\pm b_{ij})$.

显然，两个矩阵只有当它们的行数分别相同时，才可以进行加（减）运算. 矩阵的加法满足以下规律：

（1）交换律：$\boldsymbol{A}+\boldsymbol{B}=\boldsymbol{B}+\boldsymbol{A}$；

（2）结合律：$(\boldsymbol{A}+\boldsymbol{B})+\boldsymbol{C}=\boldsymbol{A}+(\boldsymbol{B}+\boldsymbol{C})$.

例 2　已知 $\boldsymbol{A}=\begin{bmatrix} 2 & 0 & 1 \\ 3 & 1 & -2 \\ 1 & -1 & 2 \end{bmatrix}$，求 $\boldsymbol{A}+\boldsymbol{A}',\boldsymbol{A}-\boldsymbol{A}'$.

解　$A+A'=\begin{bmatrix}2&0&1\\3&1&-2\\1&-1&2\end{bmatrix}+\begin{bmatrix}2&3&1\\0&1&-1\\1&-2&2\end{bmatrix}=\begin{bmatrix}4&3&2\\3&2&-3\\2&-3&4\end{bmatrix}$

$$A-A'=\begin{bmatrix}2&0&1\\3&1&-2\\1&-1&2\end{bmatrix}-\begin{bmatrix}2&3&1\\0&1&-1\\1&-2&2\end{bmatrix}=\begin{bmatrix}0&-3&0\\3&2&-1\\0&1&0\end{bmatrix}$$

4.2.3　矩阵与数相乘

定义　一个数 k 与一个 m 行 n 列矩阵 $A=(a_{ij})$ 相乘，它们的乘积 $kA=(ka_{ij})$ 并且规定 $Ak=kA$.

假如　设 $A=\begin{bmatrix}2&-1&3\\1&2&-3\end{bmatrix}$，那么

$$2A=\begin{bmatrix}2\times2&2\times(-1)&2\times3\\2\times1&2\times2&2\times(-3)\end{bmatrix}=\begin{bmatrix}4&-2&6\\2&4&-6\end{bmatrix}$$

矩阵与数相乘满足以下规律：

（1）分配律 $(k_1+k_2)\ A=k_1A+k_2A$，$k(A+B)=kA+kB$；

（2）结合律 $k_1(k_2A)=(k_1k_2)A$.

例 3　已知 $A=\begin{bmatrix}2&4&-1\\3&-2&5\end{bmatrix}, B=\begin{bmatrix}1&2&3\\2&3&4\end{bmatrix}$，求：

（1）$2A-3B$；

（2）$\frac{1}{2}(A+B)$.

解　（1）$2A-3B=2\begin{bmatrix}2&4&-1\\3&-2&5\end{bmatrix}-3\begin{bmatrix}1&2&3\\2&3&4\end{bmatrix}$

$$=\begin{bmatrix}4&8&-2\\6&-4&10\end{bmatrix}-\begin{bmatrix}3&6&9\\6&9&12\end{bmatrix}$$

$$=\begin{bmatrix}1&2&-11\\0&-13&-2\end{bmatrix}$$

（2）$A+B=\begin{bmatrix}2&4&-1\\3&-2&5\end{bmatrix}+\begin{bmatrix}1&2&3\\2&3&4\end{bmatrix}=\begin{bmatrix}3&6&2\\5&1&9\end{bmatrix}$

$$\frac{1}{2}(A+B)=\frac{1}{2}\begin{bmatrix}3&6&2\\5&1&9\end{bmatrix}=\begin{bmatrix}\frac{3}{2}&3&1\\\frac{5}{2}&\frac{1}{2}&\frac{9}{2}\end{bmatrix}$$

4.2.4 矩阵与矩阵相乘

设 $\boldsymbol{A}$ 是一个 $s\times n$ 矩阵，$\boldsymbol{B}$ 是一个 $n\times m$ 矩阵：

$$\boldsymbol{A}=\begin{bmatrix} a_{11} & a_{12} & \cdots & a_{1n} \\ a_{21} & a_{22} & \cdots & a_{2n} \\ \vdots & \vdots & & \vdots \\ a_{s1} & a_{s2} & \cdots & a_{sn} \end{bmatrix},\quad \boldsymbol{B}=\begin{bmatrix} b_{11} & b_{12} & \cdots & b_{1m} \\ b_{21} & b_{22} & \cdots & b_{2m} \\ \vdots & \vdots & & \vdots \\ b_{n1} & b_{n2} & \cdots & b_{nm} \end{bmatrix}$$

令
$$\boldsymbol{C}=\begin{bmatrix} c_{11} & c_{12} & \cdots & c_{1m} \\ c_{21} & c_{22} & \cdots & c_{2m} \\ \vdots & \vdots & & \vdots \\ c_{s1} & c_{s2} & \cdots & c_{sm} \end{bmatrix}$$

其中，$c_{ij}=a_{i1}b_{1j}+a_{i2}b_{2j}+\cdots+a_{in}b_{nj}\quad(i=1,2,\cdots,s;\ j=1,2,\cdots,m)$.

矩阵 $\boldsymbol{C}$ 称为 $\boldsymbol{A}$ 与 $\boldsymbol{B}$ 的乘积，记作 $\boldsymbol{C}=\boldsymbol{AB}$. 由定义可知，只有当第一个矩阵的列数与第二个矩阵的行数相等时，两矩阵才能作乘法运算. 这说明矩阵的乘法不满足消去律.

例题解析

例 4 已知 $\boldsymbol{A}=\begin{bmatrix} a-2b & 4a-b \\ 3c+2d & c-d \end{bmatrix}$, $\boldsymbol{B}=\begin{bmatrix} 6 & 2 \\ 4 & 3 \end{bmatrix}$, 且 $\boldsymbol{A}=\boldsymbol{B}$，求 a,b,c,d.

解 根据矩阵相等的定义，可得方程组

$$\begin{cases} a-2b=6 \\ 4a-b=2 \\ 3c+2d=4 \\ c-d=3 \end{cases}$$

解得
$$a=-\frac{2}{7},\ b=-\frac{22}{7},\ c=2,\ d=-1$$

例 5 已知 $\boldsymbol{A}=\begin{bmatrix} 2 & 3 & -1 \\ -3 & -2 & -4 \end{bmatrix}$, $\boldsymbol{B}=\begin{bmatrix} -1 & 2 & 3 \\ -2 & -3 & 4 \end{bmatrix}$，求：

（1）$2\boldsymbol{A}+3\boldsymbol{B}$；（2）$\frac{1}{2}(\boldsymbol{A}+\boldsymbol{B})$；（3）$2\boldsymbol{A}'-3\boldsymbol{B}'$.

解（1）
$$2\boldsymbol{A}+3\boldsymbol{B}=2\begin{bmatrix} 2 & 3 & -1 \\ -3 & -2 & -4 \end{bmatrix}+3\begin{bmatrix} -1 & 2 & 3 \\ -2 & -3 & 4 \end{bmatrix}$$
$$=\begin{bmatrix} 1 & 12 & 7 \\ -12 & -13 & 4 \end{bmatrix}$$

（2）$A+B=\begin{bmatrix}2&3&-1\\-3&-2&-4\end{bmatrix}+\begin{bmatrix}-1&2&3\\-2&-3&4\end{bmatrix}=\begin{bmatrix}1&5&2\\-5&-5&0\end{bmatrix}$

$$\frac{1}{2}(A+B)=\frac{1}{2}\begin{bmatrix}1&5&2\\-5&-5&0\end{bmatrix}=\begin{bmatrix}\frac{1}{2}&\frac{5}{2}&1\\-\frac{5}{2}&-\frac{5}{2}&0\end{bmatrix}$$

（3）$2A'-3B'=2\begin{bmatrix}2&-3\\3&-2\\-1&-4\end{bmatrix}-3\begin{bmatrix}-1&-2\\2&-3\\3&4\end{bmatrix}$

$$=\begin{bmatrix}4&-6\\6&-4\\-2&-8\end{bmatrix}-\begin{bmatrix}-3&-6\\6&-9\\9&12\end{bmatrix}=\begin{bmatrix}7&0\\0&5\\-11&-20\end{bmatrix}$$

例 6　已知 $A=\begin{bmatrix}1&-2&2\\4&1&2\\-3&1&5\end{bmatrix}$，$B=\begin{bmatrix}2&1&2\\0&-1&3\\1&2&4\end{bmatrix}$，求 AB，BA.

解　$AB=\begin{bmatrix}1&-2&2\\4&1&2\\-3&1&5\end{bmatrix}\times\begin{bmatrix}2&1&2\\0&-1&3\\1&2&4\end{bmatrix}=\begin{bmatrix}4&7&4\\10&7&19\\-1&6&17\end{bmatrix}$，

$$BA=\begin{bmatrix}2&1&2\\0&-1&3\\1&2&4\end{bmatrix}\times\begin{bmatrix}1&-2&2\\4&1&2\\-3&1&5\end{bmatrix}=\begin{bmatrix}0&-1&16\\-13&2&13\\-3&4&26\end{bmatrix}$$

精选习题

一、判断题

1. 矩阵是一个数表.　（　）
2. 矩阵的加法满足：$A(B+C)=AB+AC$.　（　）
3. 矩阵的乘法满足：$AB=BA$.　（　）
4. 单位矩阵 I 与任何矩阵 A 相乘得 A.　（　）

二、填空题

1. 行列式是一个数 ______，矩阵是一个数 ______；

2. $A=\begin{pmatrix}a-b&c\\c+2d&2a+b\end{pmatrix}$，$B=\begin{pmatrix}3&0\\4&-3\end{pmatrix}$，则 $a=$ ____，$b=$ _____，$c=$ _____，$d=$ ______；

3. $(3\quad 2\quad 1)\begin{pmatrix}1\\2\\3\end{pmatrix}=$ ＿＿＿＿＿＿；

$\begin{pmatrix}1\\2\\3\end{pmatrix}(3\quad 2\quad 1)=$ ＿＿＿＿＿＿；

4. $\begin{pmatrix}-1&0&4\\2&3&1\end{pmatrix}\begin{pmatrix}1&2\\4&3\\-1&-4\end{pmatrix}=$ ＿＿＿＿＿＿.

三、选择题

1. 已知 $\boldsymbol{M}$ 、$\boldsymbol{N}$、$\boldsymbol{P}$ 为矩阵，在矩阵运算可进行的情况下，下列结论正确的是（　　）.

A. $\boldsymbol{MN}=\boldsymbol{NM}$

B. $\boldsymbol{M}+\boldsymbol{NP}=\boldsymbol{MN}+\boldsymbol{MP}$

C. $\boldsymbol{MN}=\boldsymbol{MP}$，则 $\boldsymbol{N}=\boldsymbol{P}$

D. $\boldsymbol{EM}=\boldsymbol{M}$，其中 $\boldsymbol{E}$ 是单位矩阵

2. 下列矩阵的乘法不能进行的是（　　）.

A. $(2\quad 1)\begin{pmatrix}1&2\\0&4\end{pmatrix}$　　B. $\begin{pmatrix}1&2\\3&4\end{pmatrix}\begin{pmatrix}2\\3\end{pmatrix}$

C. $\begin{pmatrix}1&2\\3&4\end{pmatrix}\begin{pmatrix}1&0\\-2&3\\2&4\end{pmatrix}$　　D. $\begin{pmatrix}2&2\\0&3\\-1&4\end{pmatrix}\begin{pmatrix}1\\3\end{pmatrix}$

3. 下列矩阵不相等的是（　　）.

A. $\begin{pmatrix}3&-2\\2&4\end{pmatrix}\begin{pmatrix}x_1\\x_2\end{pmatrix}=\begin{pmatrix}3x_1-2x_2\\2x_1+4x_2\end{pmatrix}$

B. $(1\quad 2\quad 3)\begin{pmatrix}1\\2\\3\end{pmatrix}=(14)$

C. $\begin{pmatrix}1\\2\end{pmatrix}(1\quad 2)=\begin{pmatrix}1&2\\2&4\end{pmatrix}$

D. $\begin{pmatrix}x_1\\x_2\end{pmatrix}\begin{pmatrix}1&2\\3&4\end{pmatrix}=\begin{pmatrix}x_1&2x_2\\3x_2&4x_2\end{pmatrix}$

4. 下列说法正确的是（　　）.

A. 零矩阵乘任何矩阵得零矩阵

B. 单位矩阵乘任何矩阵得单位矩阵

C. 二行三列的矩阵乘三行二列的矩阵得到一个二行二列的矩阵

D. 任何两个矩阵都可相加

四、解答题

1. 已知 $\boldsymbol{A}=\begin{bmatrix}1 & 2 & -4\\ 2 & 4 & -2\end{bmatrix}, \boldsymbol{B}=\begin{bmatrix}-3 & 4 & 0\\ 2 & -5 & 3\end{bmatrix}$，求：

（1）$\boldsymbol{A}+\boldsymbol{B}$；　　（2）$\boldsymbol{A}-\boldsymbol{B}$；

（3）$2\boldsymbol{A}+3\boldsymbol{B}$；　　（4）$2\boldsymbol{A}'-3\boldsymbol{B}'$.

2. 已知 $\boldsymbol{A}=\begin{bmatrix}m+2n & 3m-2n\\ 4p-3q & 3p-4q\end{bmatrix}$，$\boldsymbol{B}=\begin{bmatrix}2 & 3\\ -4 & 3\end{bmatrix}$，且 $\boldsymbol{A}=2\boldsymbol{B}$，求 m,n,p,q.

3. 计算下列矩阵运算：

（1）$\begin{bmatrix}1 & 0 & 3\\3 & -2 & -1\end{bmatrix}\begin{bmatrix}2\\0\\2\end{bmatrix}$；（2）$[2\ \ 4\ \ -5]\begin{bmatrix}-1\\0\\2\end{bmatrix}$；

（3）$\begin{bmatrix}3 & 2 & 1\\1 & -2 & 1\\0 & -1 & 2\end{bmatrix}\begin{bmatrix}1 & 2 & 0\\5 & -2 & 1\\0 & 1 & 3\end{bmatrix}-\begin{bmatrix}1 & -5 & 3\\2 & 7 & 1\\3 & 8 & 4\end{bmatrix}$.

4. 设 $\boldsymbol{A}=\begin{bmatrix}a & b & c\\e & f & g\end{bmatrix}$，求证：$(-\boldsymbol{A})'=-\boldsymbol{A}'$.

5. 设 $\boldsymbol{A}=\begin{bmatrix}2 & 3\\-1 & 4\end{bmatrix}$，$\boldsymbol{B}=\begin{bmatrix}-1 & 0\\5 & 2\end{bmatrix}$，$\boldsymbol{C}=\begin{bmatrix}1 & -3\\2 & 4\end{bmatrix}$，验证：

（1）$\boldsymbol{A}(\boldsymbol{BC})=(\boldsymbol{AB})\boldsymbol{C}$；（2）$\boldsymbol{A}(\boldsymbol{B}+\boldsymbol{C})=\boldsymbol{AB}+\boldsymbol{AC}$.

4.3 用高斯消元法解线性方程组

内容提要

4.3.1 矩阵的初等变换

定义 1 对矩阵实施下述的三种行变换称为矩阵的初等行变换：

（1）交换任意两行的位置；

（2）用一个非零的常数乘某一行的所有元素；

（3）某一行所有元素的 k 倍加到另一行的对应元素上去.

定义 2 满足下列条件的矩阵称为阶梯形矩阵：

（1）若有零行，则处于矩阵对角线的下方；

（2）非零行第一个非零元素的左边零的个数随行标递增.

定理 任一矩阵经过初等行变换均可化为阶梯形矩阵.

4.3.2 用初等变换解线性方程组——高斯消元法

将线性方程组

$$\begin{cases} a_{11}x_1+a_{12}x_2+a_{13}x_3+\cdots+a_{1n}x_n=b_1 \\ a_{21}x_1+a_{22}x_2+a_{23}x_3+\cdots+a_{2n}x_n=b_2 \\ \qquad\qquad\qquad\qquad\vdots \\ a_{m1}x_1+a_{m2}x_2+a_{m3}x_3+\cdots+a_{mn}x_n=b_m \end{cases}$$

写成矩阵形式

$$\begin{pmatrix} a_{11} & a_{12} & \cdots & a_{1n} \\ a_{21} & a_{22} & \cdots & a_{2n} \\ \vdots & \vdots & & \vdots \\ a_{m1} & a_{m2} & \cdots & a_{mn} \end{pmatrix}\begin{pmatrix} x_1 \\ x_2 \\ \vdots \\ x_n \end{pmatrix}=\begin{pmatrix} b_1 \\ b_2 \\ \vdots \\ b_m \end{pmatrix} \quad 或 \quad \boldsymbol{AX}=\boldsymbol{B}$$

其中：

$$\boldsymbol{A}=\begin{pmatrix} a_{11} & a_{12} & \cdots & a_{1n} \\ a_{21} & a_{22} & \cdots & a_{2n} \\ \vdots & \vdots & & \vdots \\ a_{m1} & a_{m2} & \cdots & a_{mn} \end{pmatrix},\quad \boldsymbol{X}=\begin{pmatrix} x_1 \\ x_2 \\ \vdots \\ x_n \end{pmatrix},\quad \boldsymbol{B}=\begin{pmatrix} b_1 \\ b_2 \\ \vdots \\ b_m \end{pmatrix}$$

方程 $\boldsymbol{AX}=\boldsymbol{B}$ 称为矩阵方程，$\boldsymbol{A}$ 称为系数矩阵，$\boldsymbol{X}$ 称为

未知矩阵，$\boldsymbol{B}$ 称为常数项矩阵.

$$\tilde{\boldsymbol{A}}=\begin{pmatrix} a_{11} & a_{12} & \cdots & a_{1n} & b_1 \\ a_{21} & a_{22} & \cdots & a_{2n} & b_2 \\ \vdots & \vdots & & \vdots & \vdots \\ a_{m1} & a_{m2} & \cdots & a_{mn} & b_m \end{pmatrix}=(\boldsymbol{A}|\boldsymbol{B})\text{ 称为增广矩阵.}$$

定理 若将增广矩阵 $(\boldsymbol{A}|\boldsymbol{B})$ 用初等行变换化为 $(\boldsymbol{A}_1|\boldsymbol{B}_1)$，则 $\boldsymbol{AX}=\boldsymbol{B}$ 与 $\boldsymbol{A}_1\boldsymbol{X}=\boldsymbol{B}_1$ 是同解方程组.

因此，可用矩阵的初等变换对线性方程组进行同解变形，并求出方程组的解.

例题解析

例 1 用高斯消元法解线性方程组 $\begin{cases}2x-y=4\\3x+y=3\end{cases}$.

解 $\tilde{\boldsymbol{A}}=\begin{bmatrix}2 & -1 & 4\\3 & 1 & 3\end{bmatrix}\xrightarrow{r_2+r_1\times\left(-\frac{3}{2}\right)}\begin{bmatrix}2 & -1 & 4\\0 & \frac{5}{2} & -3\end{bmatrix}=\boldsymbol{B}$

原方程组与下列方程组同解：

$$\begin{cases}2x-y=4\\ \dfrac{5}{2}y=-3\end{cases}$$

解此方程组，得其解为

$$\begin{cases}x=\dfrac{7}{5}\\ y=-\dfrac{6}{5}\end{cases}$$

例 2 解三元线性方程组 $\begin{cases}2x+y+2z=-2\\x+2y-z=2\\3x+3y+2z=3\end{cases}$.

解 $\tilde{\boldsymbol{A}}=\begin{bmatrix}2 & 1 & 2 & -2\\1 & 2 & -1 & 2\\3 & 3 & 2 & 3\end{bmatrix}\xrightarrow{r_1\leftrightarrow r_2}\begin{bmatrix}1 & 2 & -1 & 2\\2 & 1 & 2 & -2\\3 & 3 & 2 & 3\end{bmatrix}$

$$\xrightarrow[r_3+r_1\times(-3)]{r_2+r_1\times(-2)}\begin{bmatrix}1 & 2 & -1 & 2\\0 & -3 & 4 & -6\\0 & -3 & 5 & -3\end{bmatrix}\xrightarrow{r_3+(-1)r_2}$$

$$\begin{bmatrix}1 & 2 & -1 & 2\\0 & -3 & 4 & -6\\0 & 0 & 1 & 3\end{bmatrix}=B$$

原方程组与下列方程组同解：

$$\begin{cases}x+2y-z=2\\-3y+4z=-6\\z=3\end{cases}$$

解此方程组，得其解为

$$\begin{cases}x=-7\\y=6\\z=3\end{cases}$$

例 3 解三元线性方程组 $\begin{cases}x-y+3z=-1\\4x+y-z=2\\3x+2y-4z=3\end{cases}$.

解 $\tilde{A}=\begin{bmatrix}1 & -1 & 3 & -1\\4 & 1 & -1 & 2\\3 & 2 & -4 & 3\end{bmatrix}\xrightarrow[r_3+(-3)r_1]{r_2+(-4)r_1}\begin{bmatrix}1 & -1 & 3 & -1\\0 & 5 & -13 & 6\\0 & 5 & -13 & 6\end{bmatrix}$

$\xrightarrow{r_3+(-1)r_2}\begin{bmatrix}1 & -1 & 3 & -1\\0 & 5 & -13 & 6\\0 & 0 & 0 & 0\end{bmatrix}$

原方程组与下列方程组同解：

$$\begin{cases}x-y+3z=-1\\5y-13z=6\end{cases}$$

令 $z=k$（k 为任意常数），解此方程组得

$$\begin{cases}x=-\dfrac{2}{5}k-1\\y=\dfrac{13}{5}k+\dfrac{6}{5}\\z=k\end{cases}（k\text{ 为任意常数}）$$

此方程组有无穷多组解.

例 4 解四元线性方程组 $\begin{cases}x_1-2x_2+3x_3-x_4=0\\x_1+2x_2-2x_3+3x_4=1\\4x_2-5x_3+4x_4=1\\2x_1+x_3+2x_4=2\end{cases}$.

解　$\tilde{A}=\begin{bmatrix}1 & -2 & 3 & -1 & 0\\ 1 & 2 & -2 & 3 & 1\\ 0 & 4 & -5 & 4 & 1\\ 2 & 0 & 1 & 2 & 2\end{bmatrix}\xrightarrow[r_4+(-2)r_1]{r_2+(-1)r_1}$

$$\begin{bmatrix}1 & -2 & 3 & -1 & 0\\ 0 & 4 & -5 & 4 & 1\\ 0 & 4 & -5 & 4 & 1\\ 0 & 4 & -5 & 4 & 2\end{bmatrix}\xrightarrow[r_4+(-1)r_2]{r_3+(-1)r_2}\begin{bmatrix}1 & -2 & 3 & -1 & 0\\ 0 & 4 & -5 & 4 & 1\\ 0 & 0 & 0 & 0 & 0\\ 0 & 0 & 0 & 0 & 1\end{bmatrix}$$

原方程组与下列方程组同解：

$$\begin{cases}x_1-2x_2+3x_3-x_4=0\\ 4x_2-5x_3+4x_4=1\\ 0=0\\ 0=-1\end{cases}$$

而第四个方程 $0=-1$ 不可能成立，此方程组无解，所以原方程组无解．

精选习题

一、判断题

1. 任何一个矩阵均可化为阶梯形矩阵．　(　　)
2. 任何一个二元一次线性方程组一定有解．　(　　)
3. 用一个非零的常数乘矩阵 $\boldsymbol{A}$ 某一行中的所有元素，再加到 $\boldsymbol{A}$ 的另一行的对应元素上去为矩阵的一种初等变换．　(　　)
4. 任何一个二元一次线性方程一定有无穷多组解．　(　　)
5. 解一个三元一次线性方程组一般有三种方法：加减消元法、代入消元法、高斯消元法．　(　　)

二、填空题

1. 方程组 $\begin{cases}x-2y+3z=1\\ 2y-z=2\\ 2=0\end{cases}$ 解的情况是________；

2. 方程组$\begin{cases} x-2y+3z=1 \\ 3x+2y-z=2 \\ 2x-y+z=0 \end{cases}$写成矩阵形式为__________；

3. 矩阵$\begin{pmatrix} 1 & 2 & 3 \\ 0 & 3 & 4 \\ -2 & 3 & -3 \end{pmatrix}$化为阶梯形矩阵为__________；

4. 在方程组$\begin{cases} 2x-4x+z=1 \\ 2x-3z=2 \end{cases}$中令 $z=k$，则方程组解的形式可写成$\begin{cases} x= __________ \\ y= __________ \\ z= __________ \end{cases}$.

三、选择题

1. 方程组$\begin{cases} x-2y+z=1 \\ 2y-2z=2 \\ x-z=3 \end{cases}$的解的情况是（　　）.

A. 有唯一解　　B. 有无穷多组解

C. 无解　　D. 以上结论都不对

2. 下列矩阵不是阶梯形矩阵的是（　　）.

A. $\begin{pmatrix} 1 & 0 & 1 \\ 0 & 1 & 0 \\ 0 & 0 & 0 \end{pmatrix}$　　B. $\begin{pmatrix} 1 & 1 & 0 \\ 0 & 1 & 1 \\ 0 & 0 & 0 \end{pmatrix}$

C. $\begin{pmatrix} 1 & 1 & 0 \\ 0 & 1 & 1 \\ 0 & 1 & 0 \end{pmatrix}$　　D. $\begin{pmatrix} 1 & 1 & 0 \\ 0 & 0 & 1 \\ 0 & 0 & 0 \end{pmatrix}$

3. 下列说法不正确的是（　　）.

A. 矩阵有三种初等变换

B. 任何一个矩阵用初等变换都可化为阶梯形矩阵

C. 高斯消元法适用于任何线性方程组

D. 任何一个线性方程组都有解

4. 四元线性方程组$\begin{cases} x_1-2x_2+3x_3-x_4=0 \\ x_1+2x_2-2x_3+3x_4=1 \\ 4x_2-5x_3+4x_4=1 \\ 2x_1+x_3+2x_4=1 \end{cases}$解的情况是（　　）.

A. 唯一解　　B. 无解

C. 无穷多组解　　D. 以上结论都不对

四、解答题

1. 用高斯消元法解线性方程组$\begin{cases}4x-y=2\\2x+3y=3\end{cases}$.

2. 解三元线性方程组$\begin{cases}2x-2y+z=2\\3x+y-z=0\\x-3y+2z=4\end{cases}$.

3. 解三元线性方程组$\begin{cases}x-y+3z=-1\\4x+y-z=1\\3x+2y-2z=3\end{cases}$.

4. 讨论四元线性方程组的解 $\begin{cases} x_1 - 2x_2 + 3x_3 = 0 \\ x_1 + 2x_2 - x_3 + 3x_4 = 1 \\ 2x_1 \quad 2x_3 + 3x_4 = 1 \\ 4x_2 - 4x_3 + 3x_4 = 2 \end{cases}$.

5. 讨论方程组的解 $\begin{cases} x_1 - x_2 + 3x_3 - 2x_4 + x_5 = 2 \\ x_1 - 3x_2 + 2x_3 - 3x_4 - x_5 = 4 \\ 2x_1 - 4x_2 + 5x_3 - 5x_4 = 8 \end{cases}$.

☞ 阅读材料

线性代数的应用

线性代数是代数的一个重要学科，那么什么是代数呢？

代数英文是 Algebra，源于阿拉伯语，其本意是“结合在一起”. 也就是说，代数的功能是把许多看似不相关的事物“结合在一起”，也就是进行抽象. 抽象的目的不是为了显示某些人智商高，而是为了更方便地解决问题！为了提高效率！把一些看似不相关的问题化归为一类问题.

线性代数是讨论矩阵理论、与矩阵结合的有限维向量空间及其线性变换理论的一门学科. 主要理论成熟于19世纪，而第一块基石（二、三元线性方程组的解法）则早在两千年前出现（见于我国古代数学名著《九章算术》）.

线性代数中的一个重要概念是线性空间（对所谓的“加法”和“数乘”满足 8 条公理的集合），而其元素被称为向量. 也就是说，只要满足那么几条公理，我们就可以对一个集合进行线性化处理. 可以把一个不太明白的结构用已经熟知的线性代数理论来处理，如果我们可以知道所研究对象的维数(比如说是 n)，我们就可以把它等同为 R^n，量决定了质，多么深刻而美妙的结论！

线性代数有四个方面的应用：

（1）线性代数在数学、力学、物理学和技术学科中有各种重要应用，因而它在各种代数分支中居首要地位；

（2）在计算机广泛应用的今天，计算机图形学、计算机辅助设计、密码学、虚拟现实等技术无不以线性代数为其理论和算法基础的一部分；

（3）该学科所体现的几何观念与代数方法之间的联系，从具体概念抽象出来的公理化方法以及严谨的逻辑推证、巧妙的归纳综合等，对于强化人们的数学训练、增益科学智能是非常有用的；

（4）随着科学的发展，我们不仅要研究单个变量之间的关系，还要进一步研究多个变量之间的关系，各种实际问题在大多数情况下可以线性化，而由于计算机的发展，线性化了的问题又可以计算出来，线性代数正是解决这些问题的有力工具.

第 5 章　线性规划初步

5.1　确立线性规划问题的数学模型

内容提要

5.1.1　线性规划问题

人们在生产和经营管理活动中，常常会遇到如何有效地利用现有资源如人力、原材料、资金等，来安排生产和经营活动，使产值最大或利润最高的问题；或在预定的任务目标下，如何统筹安排，以便耗用最少的资源去实现最大收益. 对于这种在生产、经营活动中从计划与组织角度提出的最大或最小目标问题的研究，构成了运筹学的一个重要分支——线性规划.

第一类　在一定人力、物力、财力等资源条件下，如何合理安排生产等活动，使得经济效益最大.

第二类　在给定任务条件下，如何合理安排生产的活动，使得资源消耗最小.

这两类问题，都是寻求经济函数的最优化问题.

建立线性规划的数学模型，就是从实际出发，抓住主要因素，确定决策变量，找出约束条件，给出目标函数表达式.

5.1.2　建立线性规划模型步骤

第一步　根据实际问题选取决策变量. 制订生产计划，就是要作出决策，即在现有条件下，应生产产品数量多少或消耗多少等.

第二步 确定约束条件. 决策变量不能任意取值，受到人力、物力、原材料等制约，应列出等式或不等式.

第三步 建立目标函数. 考虑追求的目标是利润最大或消耗最小等方面因素，写出目标函数.

例题解析

例 1 某食品厂生产某型号果汁，该果汁需添加甲、乙两种原料混合而成. 1 kg 甲种原料含 10 g 糖和 30 g 蛋白质，进价为 8 元/千克；乙种原料含 20 g 糖和 16 g 蛋白质，进价为 12 元/千克. 现要求这种果汁的含糖量最低为 95 g，蛋白质的含量最低为 135 g，如何在该果汁中添加甲、乙两种原材料，才能使生产成本最低？

解 安排生产既要满足含糖量和蛋白质的要求，又要满足成本最低要求.

设工厂果汁搭配甲种原料 x_1 kg，乙种原料 x_2 kg.

含糖量约束：$10x_1+20x_2\geqslant 95$

蛋白质的约束：$30x_1+16x_2\geqslant 135$

成本：$z=8x_1+12x_2$

这个线性函数即目标函数，它在约束条件下取得的最小值即最优解. 故该线性规划的数学模型为

$$\min\ z=8x_1+12x_2$$
$$\text{s.t.}\begin{cases}10x_1+20x_2\geqslant 95\\30x_1+16x_2\geqslant 135\\x_1,x_2\geqslant 0\end{cases}$$

精选习题

建立下述问题的线性规划模型（不必求解）：

1. 某房地产公司有水泥 120 单位，木材 180 单位，钢筋 650 单位，用来建造甲型和乙型房屋. 建造甲型房屋需要水泥、木材、钢筋分别为 3、2、3 单位，每栋售价 120 万元，建造乙型房屋需要水泥、木材、钢筋分别为 2、1、4 单位，

每栋售价 180 万元，如何安排建设，才能使售价最大？

2. 某工地需要 600 根 90 cm 钢管和 400 根 70 cm 钢管，钢管由长 300 cm 钢管切割. 问如何下料，使得用料最省？

3. 某厂生产甲、乙、丙三种产品，需用三种原材料 ABC，生产三种产品每单位所需原材料、供应量及利润如表 5.1 所示. 如何安排生产，利润最大？写出这个问题的数学模型.

表 5.1

	产品			供应量
原材料	甲	乙	丙	
A	1	2	4	15
B	3	1	1	9
C	0	3	5	11
利润	2	6	5	

5.2 线性规划的图解法

内容提要

图解法求解两个变量的线性规划模型步骤：

（1）将规划问题化为标准型；

（2）作出平面直角坐标系；

（3）找出可行域；

（4）确定使目标函数增加或减少的变化方向；

（5）找出使目标函数增加到最大值或减小到最小值在可行区域内的点；

（6）确定目标函数最大或最小值，或确定问题无解.

例题解析

例 1 用图解法求解下列线性规划：

$$\max \quad z = 2x_1 + x_2$$

$$\text{s.t.}\begin{cases} 5x_2 \leqslant 15 & (1) \\ 6x_1 + 2x_2 \leqslant 24 & (2) \\ x_1 + x_2 \leqslant 5 & (3) \\ x_1, x_2 \geqslant 0 & (4) \end{cases}$$

解 （1）以变量 x_1 为横轴，x_2 为纵轴，画出直角坐标系. 由约束条件（4）可知，满足约束条件的点都在第一象限.

（2）按约束条件，找出可行域.

约束条件（1）是位于含直线 $x_2 = 3$ 的点及其左下方的半平面；同样，约束条件（2）在坐标系中是含 $6x_1 + 2x_2 = 24$ 这条直线上的点及其左下方的半平面；约束条件（3）是含直线 $x_1 + x_2 = 5$ 上的点及左下方的半平面. 同时满足约束条件（1）~（4）的点如图 5.1 所示的多边形 $OABCD$.

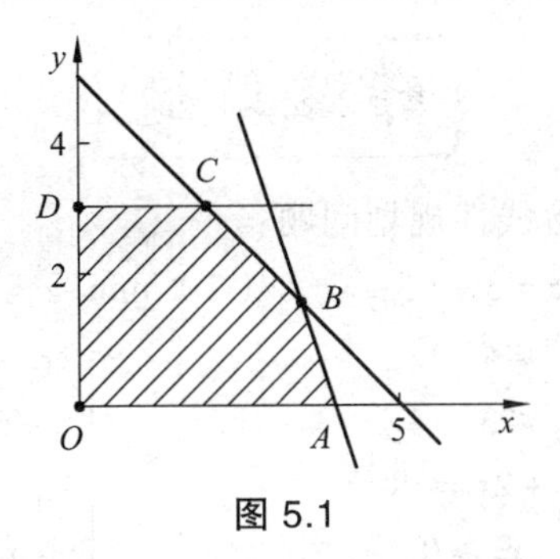

图 5.1

（3）图示目标函数. 由于 z 是一个要求确定的目标函数值，随 z 的变化，$z = 2x_1 + x_2$ 是斜率为 -2 的一组平行直线，图 5.2 中 P 的方向代表目标函数值的增加方向.

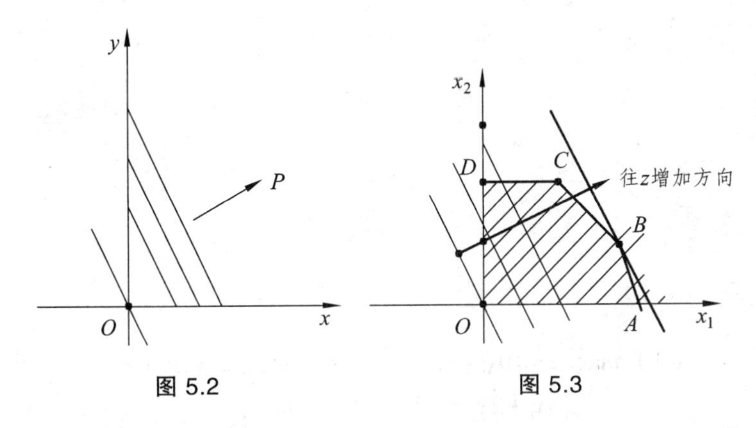

图 5.2　　　　图 5.3

（4）最优解确定. 因最优解是可行域中，使目标函数值达到最优的点，从图 5.3 可以看出，当代表目标函数的那条直线由原点开始向右上方移动时，z 的值逐渐增大，一直移动到目标函数的直线与约束条件形成凸多边形边上相交最外沿点为止，此点代表最优解的点. 因为再继续往上移动，z 的值仍然可以增大，但目标函数的直线上找不出一个点位于约束条件形成的凸多边形的内部或边界上.

本题中目标函数与凸多边形最外沿的交点为 B，该点可通过求解方程组

$$\begin{cases} 6x_1 + 2x_2 = 24 \\ x_1 + x_2 = 5 \end{cases}$$

得到
$$(x_1\ x_2) = (3.5\ ,1.5)$$

将其代入目标函数得最优解 $z = 8.5$.

精选习题

用图解求解线性规划问题:

（1）$\max\ z = 3x_1 + 5x_2$

$$\text{s.t.}\begin{cases} x_1 \leqslant 4 \\ x_2 \leqslant 3 \\ x_1 + 2x_2 \leqslant 8 \\ x_1, x_2 \geqslant 0 \end{cases};$$

（2）$\min\ z = -x_1 + 5x_2$

$$\text{s.t.}\begin{cases} 2x_1 - 4x_2 \leqslant 7 \\ x_1 + 5x_2 = 3 \\ 3x_1 - x_2 \geqslant 2 \\ x_1, x_2 \geqslant 0 \end{cases};$$

（3）$\max\ z = 10x_1 + 18x_2$

$$\text{s.t.}\begin{cases} 5x_1 + 2x_2 \leqslant 170 \\ 2x_1 + 3x_2 \leqslant 100 \\ x_1 + 5x_2 \leqslant 150 \\ x_1, x_2 \geqslant 0 \end{cases};$$

（4）$\max\ z = 3x_1 + x_2$

$$\text{s.t.}\begin{cases} x_1 + 2x_2 \leqslant 8 \\ x_2 \leqslant 6 \\ x_1, x_2 \geqslant 0 \end{cases}.$$

☞ 阅读材料

运筹学的起源简介

“运筹”一词，早在《史记》中便有出现，后来在《三国演义》中更有“运筹如虎踞，决策似鹰扬”的诗句，而以“运筹学”作为汉语译名的学科 Operations Research，则是第二次世界大战期间才出现的. 1957 年我国从“夫运筹帷幄之中，决胜千里之外”这句古语中，择取“运筹”两字，正式译为运筹学，包含运用策划、以策略取胜等意义，比较恰当地反映这门学科的性质和内涵.

朴素的运筹学思想在我国古代文献中就有不少记载，例如田忌赛马和丁渭主持皇宫的修复等. 田忌赛马就是说，有一次齐王和田忌赛马，规定双方各出上、中、下三个等级的马各一匹. 如果按照同等级的马比赛，齐王可获全胜. 但田忌采取的策略是以下马对齐王的上马，以上马对齐王的中马，以中马对齐王的下马，结果田忌以二比一反胜. 丁渭修皇宫的故事发生在北宋时代，皇宫因火烧毁，由丁渭主持修复工作. 他让人在宫前大街取土烧砖，挖成大沟后灌水成渠，再利用水渠运来各种建筑材料，工程完毕后再以废砖乱瓦等填沟修复大街，做到减少和方便运输，加快了工程进度. 但运筹学这个名称的正式使用是在 1938 年，当时英国为解决空袭的早期预警，做好反侵略战争的准备，积极进行“雷达”的研究. 但随着雷达性能的改善和配置数量的增多，出现了来自不同雷达站的信息以及雷达站同整个防空作战系统的协调配合问题. 1938 年 7 月，彼得赛（Bawdsey）雷达站的负责人罗伊（A.P.Rowe）提出立即进行整个防空作战系统运行的研究，并用“Operational Research”一词作为这方面研究的描述，这就是 O.R.（运筹学）这个名词的起源. 1940 年 9 月，英国成立了由物理学家布莱克特（P. M. S. Blackett）领导的第一个运筹学小组，后来发展到每个英军指挥部都成立运筹学小组. 1942 年美国和加拿大也都相继成立运筹学小组，这些小组在确定扩建舰队小组规模、开展反潜艇战的侦察和组织有效的对敌轰炸等方面做出了大量研究，为取得反法西斯战争的胜利及运筹学有关分支的建立做出了贡献. 1933 年，苏联学者康拓洛维奇出版了《生产组织与计划中的数学方法》一书，对列宁格勒胶合板厂的计划任务建立了一个线性规划的模型，并提出“解乘数法”的求解方法，为数学与管理科学的结合做了开创性的工作.

第二次世界大战以后，运筹学的活动扩展到工业和政府等部门，得到了极大的发展.

运筹学的确是一门应用性极强的学科，半个多世纪以来，运筹学的理论和方法在国民经济计划、环境污染、工程技术、经营管理、经济分析、城市交通、军事决策等诸多方面发挥了巨大作用，取得了辉煌成果.

第 6 章　极　限

6.1　数列的极限

内容提要

6.1.1　数列的极限

当 $n \to \infty$ 时，数列的项 a_n 无限趋近于一个常数 A，则称 A 为数列 $\{a_n\}$ 的极限，记作：$\lim\limits_{n \to \infty} a_n = A$.

6.1.2　几种常见数列的极限

（1）$\lim\limits_{n \to \infty} \dfrac{1}{n^a} = 0$（$a > 0$，且 a 为常数）；

（2）$\lim\limits_{n \to \infty} C = C$（$C$ 为常数）；

（3）$\lim\limits_{n \to \infty} q^n = \begin{cases} 0, & (|q| \in [0,1)) \\ 1, & (q = 1) \\ \text{不存在}, & (|q| \in (1,+\infty), \text{或} q = -1) \end{cases}$；

（4）若 $f(n)$，$g(n)$ 分别是关于 n 的一元多项式，次数分别是 p，q，最高次项的系数分别为 a_p，a_q，且 $g(n) \neq 0$，则

$$\lim_{n \to \infty} \frac{f(n)}{g(n)} = \begin{cases} 0, & (p < q) \\ \dfrac{a_p}{a_q}, & (p = q) \\ \text{不存在}, & (p > q) \end{cases}$$

6.1.3　数列极限的四则运算

如果 $\lim\limits_{n \to \infty} a_n = A$，$\lim\limits_{n \to \infty} b_n = B$，则有

（1）$\lim\limits_{n\to\infty}(a_n \pm b_n) = \lim\limits_{n\to\infty} a_n \pm \lim\limits_{n\to\infty} b_n = A \pm B$；

（2）$\lim\limits_{n\to\infty}(a_n \cdot b_n) = \lim\limits_{n\to\infty} a_n \cdot \lim\limits_{n\to\infty} b_n = A \cdot B$；

（3）$\lim\limits_{n\to\infty} C \cdot a_n = C \cdot \lim\limits_{n\to\infty} a_n = C \cdot A$（$C$ 为常数）；

（4）$\lim\limits_{n\to\infty} \dfrac{a_n}{b_n} = \dfrac{\lim\limits_{n\to\infty} a_n}{\lim\limits_{n\to\infty} b_n} = \dfrac{A}{B}$（$B \neq 0$）.

使用上面的运算法则时，必须注意：

（1）数列 $\{a_n\}$、$\{b_n\}$ 的极限必须是存在的；

（2）$a_n \pm b_n$、$a_n \cdot b_n$ 可以扩充到有限个的情形，但绝不可以扩充到无限个的情形.

例题解析

例 1 求下列极限：

（1）$\lim\limits_{n\to\infty}\left(3-\dfrac{1}{4^n}\right)$；

（2）$\lim\limits_{n\to\infty}\left(\dfrac{3}{n}-\dfrac{1}{n^2}+\dfrac{2}{n^3}\right)$；

（3）$\lim\limits_{n\to\infty}\dfrac{2n^2-n-1}{3n^2+5n+2}$；

（4）$\lim\limits_{n\to\infty}\dfrac{2n-1}{n^2+2n-3}$；

（5）$\lim\limits_{n\to\infty}\dfrac{n^2-n-2}{n+2}$.

解 （1）分析：这里 $a_n = 3$，$b_n = \dfrac{1}{4^n}$；$\lim\limits_{n\to\infty} a_n = 3$，$\lim\limits_{n\to\infty}\dfrac{1}{4^n} = \lim\limits_{n\to\infty}\left(\dfrac{1}{4}\right)^n = 0$，由极限的运算法则（1），得

$$\lim_{n\to\infty}\left(3-\frac{1}{4^n}\right) = 3-0 = 0$$

（2）分析：因 $\lim\limits_{n\to\infty}\dfrac{1}{n^a} = 0$（$a > 0$，且 a 为常数），故 $\lim\limits_{n\to\infty}\dfrac{1}{n} = 0$，$\lim\limits_{n\to\infty}\dfrac{1}{n^2} = 0$，$\lim\limits_{n\to\infty}\dfrac{1}{n^3} = 0$，由极限的运算法则（1）、（3），得

$$\lim_{n\to\infty}\left(\frac{3}{n}-\frac{1}{n^2}+\frac{2}{n^3}\right) = 3\lim_{n\to\infty}\frac{1}{n} - \lim_{n\to\infty}\frac{1}{n^2} + 2\lim_{n\to\infty}\frac{1}{n^3}$$

$$= 3\times 0 - 0 + 2\times 0 = 0.$$

（3）分析：由数列的极限公式（4），有

$$\lim_{n\to\infty}\frac{f(n)}{g(n)}=\frac{a_p}{a_q}\quad(p=q)$$

这里 $f(n)=2n^2-n-1$， $g(n)=3n^2+5n+2$， $a_p=2$， $a_q=3$.

因 $p=q=2$，则

$$\lim_{n\to\infty}\frac{2n^2-n-1}{3n^2+5n+2}=\frac{2}{3}$$

（4）分析：由数列的极限公式（4），有

$$\lim_{n\to\infty}\frac{f(n)}{g(n)}=0\quad(p<q)$$

这里 $f(n)=2n-1$， $g(n)=n^2+2n-3$， $p=1$， $q=2$.

因 $p<q$，则

$$\lim_{n\to\infty}\frac{2n-1}{n^2+2n-3}-0$$

（5）分析：由数列的极限公式（4），有

$$\lim_{n\to\infty}\frac{f(n)}{g(n)}=0\quad(p>q)$$

这里 $f(n)=n^2-n-2$， $g(n)=n+2$， $p=2$， $q=1$.

因 $p>q$，则 $\lim\limits_{n\to\infty}\frac{n^2-n-2}{n+2}$不存在.

例 2 求下列极限：

（1） $\lim\limits_{n\to\infty}\left(\frac{1}{2}+\frac{1}{4}+\frac{1}{8}+\cdots+\frac{1}{2^n}\right)$；

（2） $\lim\limits_{n\to\infty}\left[\frac{1}{1\times3}+\frac{1}{3\times5}+\frac{1}{5\times7}+\cdots+\frac{1}{(2n-1)(2n+1)}\right]$；

（3） $\lim\limits_{n\to\infty}(\sqrt{n+1}-\sqrt{n})\sqrt{n}$.

解（1）分析：这是一个 n 限项和式的极限，没有运算法则可以遵循，那么我们就得先求和，再求极限.

由等比数列前 n 项和的公式得

$$\frac{1}{2}+\frac{1}{4}+\frac{1}{8}+\cdots+\frac{1}{2^n}=\frac{\frac{1}{2}\left[1-\left(\frac{1}{2}\right)^n\right]}{1-\frac{1}{2}}=1-\left(\frac{1}{2}\right)^n$$

故 $$\lim_{n\to\infty}\left(\frac{1}{2}+\frac{1}{4}+\frac{1}{8}+\cdots+\frac{1}{2^n}\right)=\lim_{n\to\infty}\left[1-\left(\frac{1}{2}\right)^n\right]=1$$

（2）分析：这也是一个 n 限项和式的极限，得先求和，再求极限.

求和时，得先拆项：

$$\frac{1}{1\times3}+\frac{1}{3\times5}+\frac{1}{5\times7}+\cdots+\frac{1}{(2n-1)(2n+1)}$$

$$=\frac{1}{2}\left(1-\frac{1}{3}+\frac{1}{3}-\frac{1}{5}+\frac{1}{5}-\frac{1}{7}+\cdots+\frac{1}{2n-1}-\frac{1}{2n+1}\right)$$

$$=\frac{1}{2}\left(1-\frac{1}{2n+1}\right)$$

故

$$\lim_{n\to\infty}\left[\frac{1}{1\times3}+\frac{1}{3\times5}+\frac{1}{5\times7}+\cdots+\frac{1}{(2n-1)(2n+1)}\right]$$

$$=\lim_{n\to\infty}\frac{1}{2}\left(1-\frac{1}{2n+1}\right)$$

$$=\frac{1}{2}$$

（3）分析：当 $n\to\infty$ 时，因式 $\sqrt{n+1}-\sqrt{n}$ 趋近于 0，而因式 $\sqrt{n}$ 趋近于无穷大，所以不能直接求极限，先对根式进行有理化，即

$$(\sqrt{n+1}-\sqrt{n})\sqrt{n}$$

$$=\frac{\left(\sqrt{n+1}-\sqrt{n}\right)\sqrt{n}\left(\sqrt{n+1}+\sqrt{n}\right)}{\sqrt{n+1}+\sqrt{n}}$$

$$=\frac{\sqrt{n}}{\sqrt{n+1}+\sqrt{n}}$$

$$=\frac{1}{\sqrt{1+\frac{1}{n}}+1}$$

故

$$\lim_{n\to\infty}\left(\sqrt{n+1}-\sqrt{n}\right)\sqrt{n}=\lim_{n\to\infty}\frac{1}{\sqrt{1+\frac{1}{n}}+1}=\frac{1}{2}$$

精选习题

一、判断题

判断下面数列当 $n\to\infty$ 时是否有极限. 若有，则写出它们的极限.

1. $a_n=(-1)^n\times2$；

2. $a_n=(-1)^n\frac{1}{\sqrt{n}}$；

3. $a_n=\frac{2n-1}{2n+1}$；

4. $a_n = \dfrac{n^2-3n+2}{2n+1}$.

二、选择题

1. $\lim\limits_{n\to\infty}\dfrac{3n^2-5n+2}{4-n^2}$的值是（　　）.

A. 3　　B. -3

C. $\dfrac{3}{4}$　　D. 不存在

2. 数列通项 $a_n=(1-2x)^n$，若 $\lim\limits_{n\to\infty}a_n$ 存在，则 x 的取值范围是（　　）.

A. $\left[0,\dfrac{1}{2}\right]$　　B. $\left[0,\dfrac{1}{2}\right)$

C. $[0,1]$　　D. $[0,1)$

三、填空题

1. $\lim\limits_{n\to\infty}\left(\dfrac{2}{n^2-1}+\dfrac{5}{n^2-1}+\dfrac{8}{n^2-1}+\cdots+\dfrac{3n-1}{n^2-1}\right)=$__________.

2. 设 $S_n=2+4+6+\cdots+2n$，$\lim\limits_{n\to\infty}\dfrac{S_n}{n^3}=$__________.

四、解答题

1. 已知一无穷数列：$\dfrac{1}{2},\dfrac{1}{4},\dfrac{1}{8},\cdots,\dfrac{1}{2^n},\cdots$，求这个数列各项的和.

2. 求极限：$\lim\limits_{n\to\infty}\dfrac{\sqrt{n+1}-\sqrt{n-1}}{\sqrt{n+2}-\sqrt{n-2}}$.

6.2 函数的极限

6.2.1 $x \to \infty$ 时函数 $f(x)$ 的极限

1. $x \to +\infty$ 时函数 $f(x)$ 的极限

一般地，当自变量 x 取正值并且无限增大时，如果函数 $f(x)$ 无限趋近于一个常数 A，就说当 x 趋向于正无穷大时，函数 $f(x)$ 的极限是 A，记作

$$\lim_{x \to +\infty} f(x) = A$$

2. $x \to -\infty$ 时函数 $f(x)$ 的极限

一般地，当自变量 x 取负值并且绝对值无限增大时，如果函数 $f(x)$ 无限趋近于一个常数 A，就说当 x 趋向于负无穷大时，函数 $f(x)$ 的极限是 A，记作

$$\lim_{x \to -\infty} f(x) = A$$

3. $x \to \infty$ 时函数 $f(x)$ 的极限

如果 $\lim\limits_{x \to +\infty} f(x) = A$，且 $\lim\limits_{x \to -\infty} f(x) = A$，那么就说当 x 趋向于无穷大时，函数 $f(x)$ 的极限是 A，记作

$$\lim_{x \to \infty} f(x) = A$$

6.2.2 $x \to x_0$ 时函数 $f(x)$ 的极限

一般地，当自变量 x 无限趋近于常数 x_0（$x \ne x_0$）时，如果函数 $f(x)$ 无限趋近于一个常数 A，就说当 x 趋近于 x_0 时，函数 $f(x)$ 的极限是 A，记作

$$\lim_{x \to x_0} f(x) = A$$

此时，把 $\lim\limits_{x \to x_0} f(x)$ 叫作函数 $f(x)$ 在点 $x = x_0$ 处的极限.

对 $\lim\limits_{x \to x_0} f(x) = A$ 中的 $x \to x_0$，应这样去理解：

x 可以以任意方式无限地趋近于 x_0，即 $x \to x_0$，即 x 可以从 x_0 的左边、右边、左右两边等方式无限接近于 x_0.

6.2.3　函数的左、右极限

1. 函数的左极限

一般地，如果当 x 从点 $x = x_0$ 左侧（$x < x_0$）无限趋近于 x_0 时，函数 $f(x)$ 无限趋近于常数 A，就说 A 是函数 $f(x)$ 在点 x_0 处的左极限，记作

$$f(x_0 - 0) = \lim_{x \to x_0^-} f(x) = A$$

2. 函数的右极限

一般地，如果当 x 从点 $x = x_0$ 右侧（$x > x_0$）无限趋近于 x_0 时，函数 $f(x)$ 无限趋近于常数 A，就说 A 是函数 $f(x)$ 在点 x_0 处的右极限，记作

$$f(x_0 + 0) = \lim_{x \to x_0^+} f(x) = A$$

根据函数在某一点处的极限、左极限和右极限的定义，可得如下结论：

$$\lim_{x \to x_0} f(x) = A \Leftrightarrow \lim_{x \to x_0^-} f(x) = A \text{且} \lim_{x \to x_0^+} f(x) = A$$

6.2.4　几种常见函数的极限

（1）$\lim\limits_{x \to \infty} f(x) = C$，$\lim\limits_{x \to x_0} f(x) = C$（$C$ 为常数）；

（2）$\lim\limits_{x \to \infty} \dfrac{1}{x^a} = 0$（$a > 0$，且 a 为常数）；

（3）$\lim\limits_{x \to \infty} C = C$，$\lim\limits_{x \to x_0} C = C$（$C$ 为常数）；

（4）$\lim\limits_{x \to +\infty} a^x = \begin{cases} 0, & (a \in (0,1)) \\ 1, & (a = 1) \\ \text{不存在}, & (a \in (1,+\infty)) \end{cases}$，

$$\lim_{x \to -\infty} a^x = \begin{cases} \text{不存在}, & (a \in (0,1)) \\ 1, & (a = 1) \\ 0, & (a \in (1,+\infty)) \end{cases}.$$

例题解析

本节的学习，主要是讨论 x 趋于无穷型和 x 趋于定点型的极限，重在理解极限的思想，计算函数的极限.

1. $x\to\infty$ 时函数 $f(x)$ 的极限

例 1 求下列极限：

（1）$\lim\limits_{x\to-\infty}2^x$；（2）$\lim\limits_{x\to+\infty}2^x$；

（3）$\lim\limits_{x\to+\infty}\left(\dfrac{1}{2}\right)^x$.

解 （1）分析：$f(x)=2^x$ 是 $a=2>1$ 的指数函数，在整个定义域内 $f(x)$ 是增函数，整个图像分布在 x 轴的上方，但与 x 轴永不相交，见图 6.1. 故当自变量 x 趋向于负无穷大时，图像与 x 轴无限接近，所以

$$\lim_{x\to-\infty}2^x=0$$

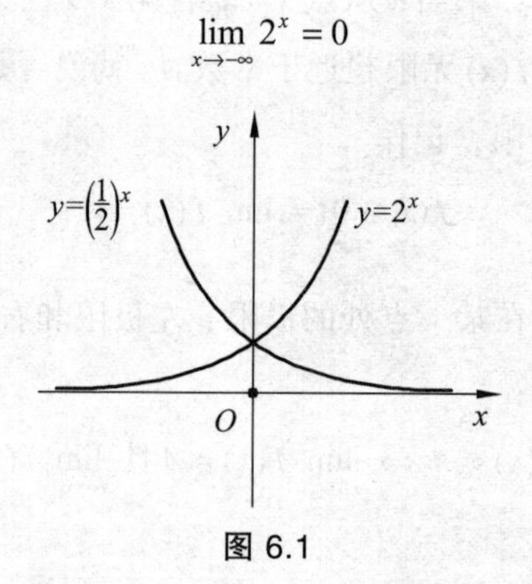

图 6.1

（2）分析：函数 $f(x)=2^x$ 与上题相同，不同的是自变量的变化趋势. 当自变量 x 趋向于正无穷大时，图像与 x 轴越来越远，函数值趋向于无穷大，故 $\lim\limits_{x\to+\infty}2^x$ 不存在，也可以记为

$$\lim_{x\to+\infty}2^x=+\infty$$

只有当 $\lim\limits_{x\to+\infty}f(x)$ 和 $\lim\limits_{x\to-\infty}f(x)$ 都存在且相等时，$\lim\limits_{x\to\infty}f(x)$ 才存在，所以 $\lim\limits_{x\to\infty}2^x$ 不存在.

（3）同理可得 $\lim\limits_{x\to+\infty}\left(\dfrac{1}{2}\right)^x=0$.

2. $x \to x_0$ 时函数 $f(x)$ 的极限

例 2　求下列极限：

（1）$\lim\limits_{x \to 3} x^2$；　　（2）$\lim\limits_{x \to 1}(x-1)$；

（3）$\lim\limits_{x \to \frac{\pi}{2}} \sin x$；　　（4）$\lim\limits_{x \to 1} 2$.

解　如图 6.2 所示，根据极限的定义，容易得出它们的极限值：

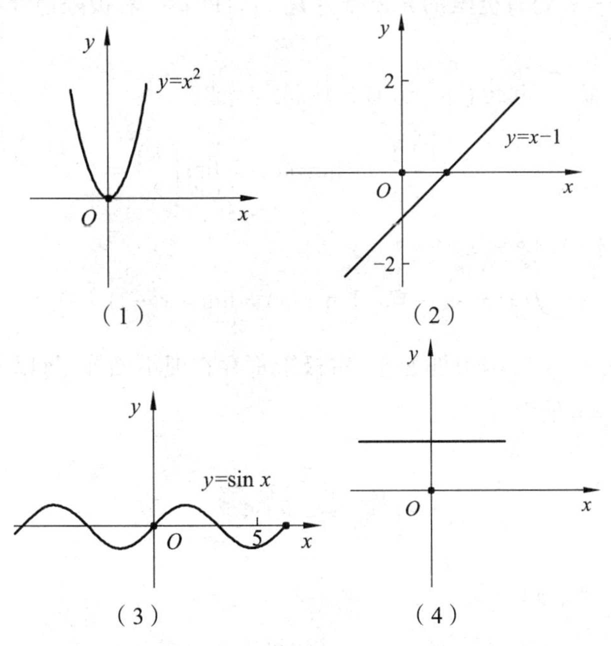

图 6.2

（1）$\lim\limits_{x \to 3} x^2 = 9$；　　（2）$\lim\limits_{x \to 1}(x-1) = 0$；

（3）$\lim\limits_{x \to \frac{\pi}{2}} \sin x = 1$；　　（4）$\lim\limits_{x \to 1} 2 = 2$.

例 3　已知分段函数：

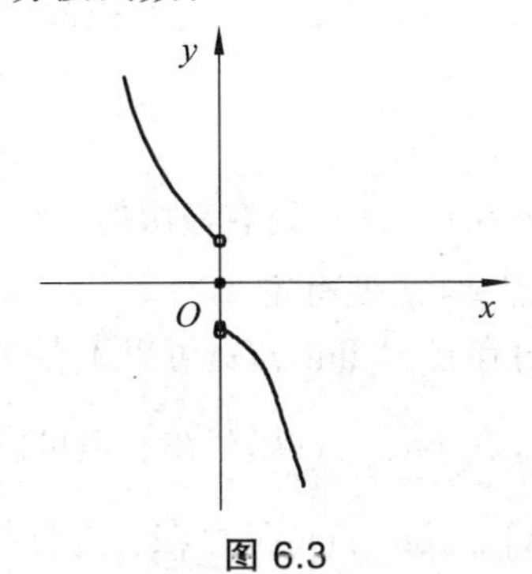

图 6.3

$$f(x)=\begin{cases}\left(\dfrac{1}{2}\right)^x, & x\in(-\infty,0)\\ 0, & x=0\\ -x^2-1, & x\in(0,+\infty)\end{cases}$$

请问，$f(x)$ 在 $x=0$ 处是否有极限？

分析：$x=0$ 是分段函数的一个分界点，故要考虑此点的左右极限，即随着 x 的变化函数的变化情况．而函数 $f(x)$ 在 $x=x_0$ 处有极限的充要条件是 $f(x)$ 的左、右极限都存在且相等．

解　当 $x\in(-\infty,0)$ 时，

$$f(x)=\left(\frac{1}{2}\right)^x,\quad \lim_{x\to 0^-}f(x)=\lim_{x\to 0^-}\left(\frac{1}{2}\right)^x=1$$

当 $x\in(0,+\infty)$ 时，

$$f(x)=-x^2-1,\quad \lim_{x\to 0^+}f(x)=\lim_{x\to 0^+}(-x^2-1)=-1$$

函数 $f(x)$ 在 $x=0$ 处的左、右极限都存在但不相等，所以 $f(x)$ 在 $x=0$ 处没有极限．

精选习题

一、判断题

1. 函数 $f(x)$ 当 $x\to x_0$ 时的极限值就等于 $f(x_0)$．　（　　）

2. 如果 $f(x)=\sqrt{x}$，则 $\lim\limits_{x\to 0}f(x)=0$．如果 $f(x)=\dfrac{x^2-4}{x+2}$，则 $\lim\limits_{x\to -2}f(x)$ 不存在．　（　　）

3. 函数 $f(x)=\sin x$ 当 $x\to\infty$ 时有极限值．　（　　）

二、选择题

1. 函数 $f(x)$ 在点 $x=x_0$ 处有极限时，要求（　　）．

A. $f(x)$ 在点 $x=x_0$ 处有定义

B. $\lim\limits_{x\to x_0^-}f(x)$ 存在，$\lim\limits_{x\to x_0^+}f(x)$ 可以不存在

C. $\lim\limits_{x\to x_0^-}f(x)$、$\lim\limits_{x\to x_0^+}f(x)$ 都存在，但可以不相等

D. $\lim\limits_{x\to x_0^-}f(x)$、$\lim\limits_{x\to x_0^+}f(x)$ 都存在，并且相等

2．$x \to x_0$ 表示（　　）．

A．x 必须从点 x_0 的左侧趋近于 x_0

B．x 必须从点 x_0 的右侧趋近于 x_0

C．x 必须从点 x_0 的左、右两侧同时趋近于 x_0

D．x 可以以任意方式无限接近点 x_0

三、填空题

1．$\lim\limits_{x \to \infty} \dfrac{1}{x^3} =$ ________.

2．$\lim\limits_{x \to +\infty} \dfrac{1}{3^x} =$ ________.

3．$\lim\limits_{x \to 1^+} \log_2 x =$ ________.

四、解答题

1．已知如下一个分段函数，请问 $f(x)$ 在 $x = 0$ 处是否有极限？

$$f(x) = \begin{cases} 2^x, & x \in (-\infty, 0) \\ 0, & x = 0 \\ -x+1, & x \in (0, +\infty) \end{cases}$$

6.3 极限的四则运算

内容提要

如果 $\lim\limits_{x\to x_0} f(x)=A$, $\lim\limits_{x\to x_0} g(x)=B$, 那么

（1）$\lim\limits_{x\to x_0}[f(x)\pm g(x)]=\lim\limits_{x\to x_0} f(x)\pm\lim\limits_{x\to x_0} g(x)=A\pm B$；

（2）$\lim\limits_{x\to x_0}[f(x)\cdot g(x)]=\lim\limits_{x\to x_0} f(x)\cdot\lim\limits_{x\to x_0} g(x)=A\cdot B$；

（3）$\lim\limits_{x\to x_0}[Cf(x)]=C\cdot\lim\limits_{x\to x_0} f(x)=C\cdot A$（$C$ 为常数）；

（4）$\lim\limits_{x\to x_0}[f(x)]^n=[\lim\limits_{x\to x_0} f(x)]^n=A^n$；

（5）$\lim\limits_{x\to x_0}\dfrac{f(x)}{g(x)}=\dfrac{\lim\limits_{x\to x_0} f(x)}{\lim\limits_{x\to x_0} g(x)}=\dfrac{A}{B}$ （$B\neq 0$）.

这些法则对于 $x\to\infty$ 的情况仍然成立.

若 $\lim\limits_{x\to\infty} f(x)$ 、$\lim\limits_{x\to\infty} g(x)$ 都趋向于无穷大，则

（1）$\lim\limits_{x\to\infty}[f(x)\pm g(x)]$；

（2）$\lim\limits_{x\to\infty}[f(x)\cdot g(x)]$；

（3）$\lim\limits_{x\to x_0}[Cf(x)]$（$C$ 为常数）都不存在；

（4）$\lim\limits_{x\to\infty}[f(x)]^n=0$（$n$ 为常数，且 $n<0$），

$\lim\limits_{x\to\infty}[f(x)]^n=1$（$n=0$），

$\lim\limits_{x\to\infty}[f(x)]^n=$ 不存在（n 为常数，且 $n>0$）；

（5）若 $f(x)$ 、$g(x)$ 分别是关于 x 的一元多项式，最高次数分别是 p 、q , 最高次项的系数分别为 a_p 、a_q , 且 $g(n)\neq 0$, 则

$$\lim_{x\to\infty}\frac{f(x)}{g(x)}=\begin{cases}0, & (p<q)\\ \dfrac{a_p}{a_q}, & (p=q)\\ \text{不存在}, & (p>q)\end{cases}$$

例题解析

本节的学习，主要是讨论 x 趋于无穷型和 x 趋于定点型的极限，重在理解极限的思想，计算函数的极限.

1. $x \to \infty$ 时函数 $f(x)$ 的极限

例 1 求下列极限：

（1）$\lim\limits_{x\to\infty}\dfrac{x^n-2012}{3x^m+2013}$（$n, m\in \mathbf{N}^+$）;

（2）$\lim\limits_{x\to\infty}\dfrac{2x^2+x+1}{x^3+2x^2-1}$;

（3）$\lim\limits_{x\to\infty}\dfrac{2x^2+x+1}{3x^2+2x-1}$;

（4）$\lim\limits_{x\to\infty}\dfrac{2x^3+x+1}{3x^2+2x-1}$.

解（1）分析：由本节内容提要得，这里 $f(x)=x^n-2012$，$g(x)=3x^m+2013$，它们的最高次分别为 n、m，求极限要分三种情况来讨论：

若 $n<m$，则 $\lim\limits_{x\to\infty}\dfrac{x^n-2012}{3x^m+2013}=0$；

若 $n=m$，则 $\lim\limits_{x\to\infty}\dfrac{x^n-2012}{3x^m+2013}=\dfrac{1}{3}$；

若 $n>m$，则 $\lim\limits_{x\to\infty}\dfrac{x^n-2012}{3x^m+2013}$不存在.

（2）分析：参照（1），这里 $f(x)=2x^2+x+1$，$g(x)=x^3+2x^2-1$，分子的最高次为 $n=2$，分母最高次为 $m=3$，属于 $n<m$ 的情形，故

$$\lim_{x\to\infty}\frac{2x^2+x+1}{x^3+2x^2-1}=0$$

（3）分析：参照（1），这里 $f(x)=2x^2+x+1$，$g(x)=3x^2+2x-1$，分子的最高次为 $n=2$，分母最高次为 $m=2$，属于 $n=m$ 的情形，故

$$\lim_{x\to\infty}\frac{2x^2+x+1}{3x^2+2x-1}=\frac{2}{3}$$

（4）分析：参照（1），这里 $f(x)=2x^3+x+1$，$g(x)=3x^2+2x-1$，分子的最高次为 $n=3$，分母最高次为 $m=2$，属于 $n>m$ 情形，故 $\lim\limits_{x\to\infty}\dfrac{2x^3+x+1}{3x^2+2x-1}$不存在.

2. $x\to x_0$ 时函数 $f(x)$ 的极限

例 2 求下列极限：

（1）$\lim\limits_{x\to 3}\dfrac{x^2+3}{2x-4}$；　　（2）$\lim\limits_{x\to 1}\dfrac{x^2-1}{x-1}$.

解 （1）分析：由极限的四则运算法则（5），得

$$\lim_{x\to x_0}\frac{f(x)}{g(x)}=\frac{\lim\limits_{x\to x_0}f(x)}{\lim\limits_{x\to x_0}g(x)}\quad(\lim_{x\to x_0}g(x)\neq 0)$$

则
$$\lim_{x\to 3}\frac{x^2+3}{2x-4}=\frac{\lim\limits_{x\to 3}(x^2+3)}{\lim\limits_{x\to 3}(2x-4)}=\frac{\lim\limits_{x\to 3}x^2+\lim\limits_{x\to 3}3}{\lim\limits_{x\to 3}2x-\lim\limits_{x\to 3}4}$$
$$=\frac{3^2+3}{2\times 3-4}=6$$

上式说明，某些函数在某一点 $x=x_0$ 处的极限值，就等于函数在这点处的函数值，即

$$\lim_{x\to x_0}f(x)=f(x_0)$$

（2）分析：求函数在某一点处的极限，与函数在这点是否有意义是无关的. 本小题中，$x\to 1$ 时，$x^2-1\to 0$，$x-1\to 0$，所以把 $x=1$ 代入函数的解析式中是不可行的. $x\to 1$，可以认为 $x\neq 1$，因此，可以把函数的解析式的分子、分母先分解因式，约去公因式，然后再求其极限值.

$$\lim_{x\to 1}\frac{x^2-1}{x-1}=\lim_{x\to 1}\frac{(x+1)(x-1)}{x-1}=\lim_{x\to 1}(x+1)=1+1=2$$

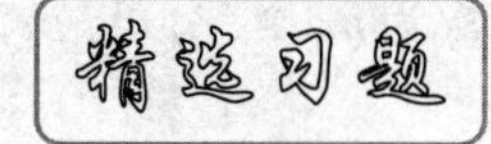

一、判断题

1. 如果 $\lim\limits_{x\to\infty}f(x)$、$\lim\limits_{x\to\infty}g(x)$ 都不存在，则 $\lim\limits_{x\to\infty}\frac{f(x)}{g(x)}$ 也不存在. （　）

2. 如果 $\lim\limits_{x\to x_0}f(x)=0$、$\lim\limits_{x\to x_0}g(x)=0$，则 $\lim\limits_{x\to x_0}\frac{f(x)}{g(x)}$ 不存在. （　）

3. 所有的函数在 $x=x_0$ 处的极限值就等于函数在该点的函数值. （　）

二、填空题

1. $\lim\limits_{x\to\infty}\frac{2x^3-x+1}{4x^3+3x^2-5}=$ ________.

2. $\lim\limits_{x\to\infty}\frac{2x^2-x+1}{5x^4+3x^2-2}=$ ________.

3. $\lim\limits_{x \to +\infty} \dfrac{2\sqrt{x}+1}{4-3\sqrt{x}} =$ ________.

4. $\lim\limits_{x \to \sqrt{3}} \dfrac{x^2-3}{x-\sqrt{3}} =$ ________.

三、解答题

1. 求极限：$\lim\limits_{x \to 1} \dfrac{2x^3-x+1}{4x^3+3x^2-5}$.

2. 求极限：$\lim\limits_{x \to 3} \dfrac{x^2-2x-3}{x^2-9}$.

3. 求极限：$\lim\limits_{x \to 1} \dfrac{2-\sqrt{x+3}}{x^2-1}$.

6.4 函数的连续性

内容提要

6.4.1 连续函数

如果函数 $y=f(x)$ 在点 $x=x_0$ 处及其附近有定义，而且

$$\min_{x\to x_0} f(x)=f(x_0)$$

就说函数 $f(x)$ 在点 x_0 处**连续**. 否则函数 $f(x)$ 在点 x_0 处**不连续或间断**.

连续函数简单解释为：函数的图像是一条连续不断的曲线，没有断开的点. 基本初等函数在其定义区间都是连续函数.

1. 函数 $f(x)$ 在点 x_0 处连续

根据函数在某点连续定义可知，函数 $f(x)$ 在点 $x=x_0$ 处连续必须满足三个条件：

（1）函数 $f(x)$ 在点 $x=x_0$ 处有定义；

（2）$\lim\limits_{x\to x_0} f(x)$ 存在；

（3）$\lim\limits_{x\to x_0} f(x)=f(x_0)$，即函数 $f(x)$ 在点 x_0 处的极限值等于这一点的函数值.

2. 函数 $f(x)$ 在开区间 (a,b) 内处处连续

如果 $f(x)$ 在开区间 (a,b) 内每一点处都连续，就说函数 $f(x)$ 在开区间 (a,b) 内连续，或者说 $f(x)$ 是开区间 (a,b) 内的连续函数.

3. 函数 $f(x)$ 在闭区间 $[a,b]$ 上处处连续

如果 $f(x)$ 在开区间 (a,b) 内连续，且在左端点处有 $\min\limits_{x\to a^+} f(x)=f(a)$，在右端点处有 $\min\limits_{x\to b^-} f(x)=f(b)$，就说函数 $f(x)$ 在闭区间 $[a,b]$ 上连续，或者说 $f(x)$ 是闭区间 $[a,b]$ 上的连续函数.

6.4.2　最大值、最小值定理

如果函数 $f(x)$ 是闭区间 $[a,b]$ 上的连续函数，那么 $f(x)$ 在闭区间 $[a,b]$ 上有最大值和最小值.

由于闭区间 $[a,b]$ 上连续函数的图像是一条连续的曲线，所以，从图形的直观形象上看，闭区间 $[a,b]$ 上的连续曲线，必有且至少在某一点达到最高，也必在至少某一点达到最低.

注：函数的最大值、最小值也可能在区间端点上取得.

例题解析

本节的学习，要抓住函数在一点连续的定义和最大值、最小值定理两个要点，逐步熟悉一些连续函数，体会最大值、最小值的存在性.

例 1　图 6.4 中的实线是函数 $f(x)$ 的图像，函数在点 $x=x_0$ 处是否连续？为什么？

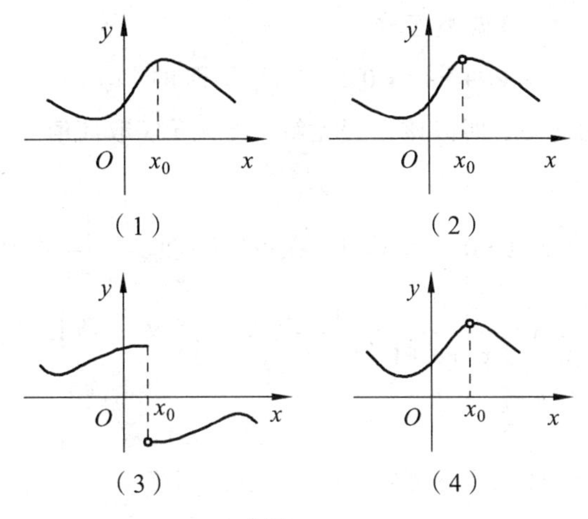

图 6.4

解　图 6.4（1）中，$\lim\limits_{x\to x_0^-} f(x)=\lim\limits_{x\to x_0^+} f(x)=f(x_0)$，所以 $f(x)$ 在点 $x=x_0$ 处连续.

图 6.4（2）中，虽然 $\lim\limits_{x\to x_0^-} f(x)=\lim\limits_{x\to x_0^+} f(x)$，但 $f(x_0)$ 不存在，所以 $f(x)$ 在点 $x=x_0$ 处不连续.

图 6.4（3）中，$\lim\limits_{x\to x_0^-} f(x)\neq\lim\limits_{x\to x_0^+} f(x)$，所以 $f(x)$ 在点 $x=x_0$ 处不连续.

图 6.4（4）中，虽然 $\lim\limits_{x\to x_0} f(x)$、$f(x_0)$ 都存在，但

$\lim\limits_{x\to x_0} f(x) \neq f(x_0)$，所以 $f(x)$ 在点 $x = x_0$ 处不连续.

例 2 求 $\lim\limits_{x\to\pi}\cos x$.

解 分析：根据连续函数的定义，函数在一点处连续时，其极限值就等于函数值，所以本题只需求 $\cos\pi$ 即可.

$$\lim_{x\to\pi}\cos x = \cos\pi = -1$$

例 3 指出下列函数在哪些点处不连续，为什么？

（1）$y = \dfrac{x^2-1}{x^2-5x+6}$；

（2）$y = \dfrac{x}{x^2+x+1} + \dfrac{1}{x-1}$.

解 分析：根据连续函数的定义，函数在一点 $x = x_0$ 处连续时，$f(x_0)$ 存在，$\lim\limits_{x\to x_0} f(x)$ 存在，且 $\lim\limits_{x\to x_0} f(x) = f(x_0)$. 如果函数在点 $x = x_0$ 处不连续，一般地，是因为 $f(x_0)$ 不存在.

（1）令 $x^2-5x+6=0$，得 $x_1 = 2$，$x_2 = 3$. 在点 $x_1 = 2$，$x_2 = 3$ 处，函数 $y = \dfrac{x^2-1}{x^2-5x+6}$ 没有定义，所以函数在点 $x_1 = 2$，$x_2 = 3$ 处不连续.

（2）令 $x^2+x+1=0$，得该方程的判别式 $\Delta = 1^2 - 4\times 1\times 1 = -3 < 0$，所以该方程无解，即无论 x 取何值，x^2+x+1 都不等于 0.

再令 $x-1=0$，得 $x=1$. 在点 $x=1$ 处，$\dfrac{1}{x-1}$ 没有意义，此时函数 $y = \dfrac{x}{x^2+x+1} + \dfrac{1}{x-1}$ 也没有意义，所以函数在点 $x=1$ 处不连续.

2. 闭区间上的最大值、最小值问题

例 4 已知函数 $f(x) = \dfrac{x^2+x-6}{x+3}$，求证 $f(x)$ 在闭区间 $[1,3]$ 上有最大值和最小值.

分析：根据最大值、最小值定理，只需证明 $f(x)$ 是闭区间 $[1,3]$ 上的连续函数.

证明 设 $x_0 \in (1,3)$，有

$$\lim_{x\to x_0} f(x) = \frac{x_0^2+x_0-6}{x_0+3}, \quad f(x_0) = \frac{x_0^2+x_0-6}{x_0+3}$$

所以
$$\lim_{x \to x_0} f(x) = f(x_0)$$

故 $f(x)$ 是开区间 $(1,3)$ 内的连续函数.

又
$$\lim_{x \to 1^+} f(x) = \frac{1^2+1-6}{1+3} = -1 = f(1),$$

$$\lim_{x \to 3^-} f(x) = \frac{3^2+3-6}{3+3} = 1 = f(3)$$

所以函数是闭区间 $[1,3]$ 上的连续函数，故 $f(x)$ 在闭区间 $[1,3]$ 上有最大值和最小值.

精选习题

一、判断题

1. 只要 $\lim\limits_{x \to x_0^-} f(x_0) = \lim\limits_{x \to x_0^+} f(x_0)$，则函数 $f(x)$ 在点 $x = x_0$ 处就连续.　（　　）

2. 只有当 $\lim\limits_{x \to x_0^-} f(x_0) = \lim\limits_{x \to x_0^+} f(x_0) = f(x_0)$，函数 $f(x)$ 在点 $x = x_0$ 处才连续.　（　　）

二、选择题

1. 函数 $f(x) = \dfrac{x^2+2x-3}{x^2-1}$ 在点 $x=1$ 处不连续，其原因是（　　）.

A. $f(x)$ 在点 $x=1$ 处的极限不存在

B. $f(x)$ 在点 $x=1$ 处的极限值与函数值都存在，但不相等

C. x 在点 $x=1$ 处没有定义

D. $f(x)$ 在点 1 处没有定义

2. 设函数在开区间 (a,b) 内连续，则下列说法正确的是（　　）.

A. $f(x)$ 在 (a,b) 内有最大值和最小值

B. $f(x)$ 在 $[a,b]$ 有最大值和最小值

C. 补充规定 $\lim\limits_{x \to a^+} f(x) = f(a)$ 后，$f(x)$ 在 $[a,b)$ 上一定有最小值

D. 补充规定 $\lim\limits_{x \to a^+} f(x) = f(a)$ 及 $\lim\limits_{x \to b^-} f(x) = f(b)$ 后，$f(x)$ 在 $[a,b]$ 上有最大值和最小值

3. 函数 $f(x)=\begin{cases}x+1, & x\in(-\infty,1]\\ ax, & x\in(1,+\infty)\end{cases}$，在点 $x=1$ 处是连续的，则 $a=$（　　）.

A. 2　　B. $\frac{1}{2}$　　C. 1　　D. -1

三、填空题

1. 函数 $f(x)=\dfrac{x-1}{x^2-2x-3}$ 的不连续点是 $x=$________.

2. 函数 $y=2^x$ 在闭区间 $[-1,3]$ 上的最大值是________；最小值是________.

3. $\lim\limits_{x\to 2}(x^2+8x-9)=$ ________（利用函数的连续性）.

四、解答题

1. 函数 $f(x)=\begin{cases}-x, & x\in(-\infty,1]\\ \lg x, & x\in(1,+\infty)\end{cases}$ 是否为连续函数？请作图说明.

2. 证明函数 $f(x)=\dfrac{x^2}{2x+3}$ 在点 $x=3$ 处是连续的.

☞ 阅读材料

极限思想的精髓

极限是微积分的基石，微积分的思想离不开极限思想，其精髓有四个方面：

（1）从静止中认识运动；

（2）从有限中认识无限；

（3）从近似中认识精确；

（4）从量变中认识质变.

下面我们以实例来说明极限思想的精髓.

例 1 如图 6.5 所示，在半径为 R 的圆内接正 n 边形中，r_n 是边心距，P_n 是周长，S_n 是面积（$n=3$，4，5，…），用极限思想探究圆的面积 S.

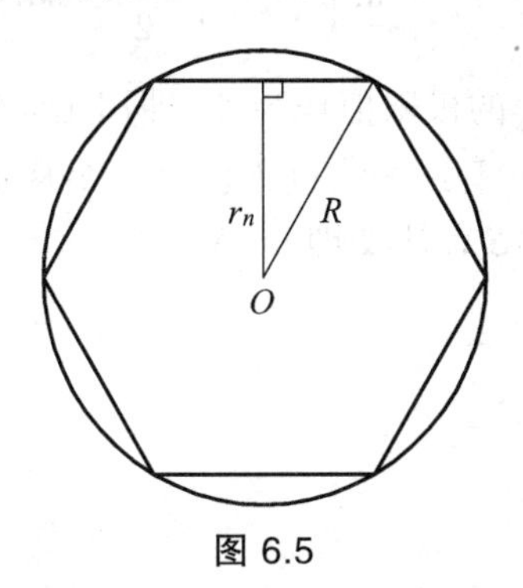

图 6.5

解 我们知道，在圆的内部，可以作出内接正三角形、内接正四边形、内接正五边形、内接正六边形、内接正七边形、内接正八边形……其中，正多边形的边数 3，4，5，6，7，8，…就是运动中的数，这样的数有无穷多个.

1. 从静止中认识运动

让 n 相对静止，在圆的内部，作圆的内接正 n 边形，这时，正 n 边形就代表了正三边形、正四边形、正五边形、正六边形、正七边形、正八边形，……其中 $n=3$，4，5，6，7，8，….

2. 从有限中认识无限

圆的内接正 n 边形的边数可以是 3，4，5，6，7，8，…

乃至无限大的正整数，其中无限大的正整数是永远取不完的.取正多边形的边数为 n，用 $n \to \infty$ 来刻画无限大的正整数是再好不过的了.

3. 从近似中认识精确

当圆的内接正 n 边形的边数 $n \to \infty$ 时，正 n 边形与它的外接圆无限地接近，因此，正 n 边形的面积 S_n 与圆的面积 S 也无限地接近，即 $S \approx S_n$.

4. 从量变中认识质变

当 $n \to \infty$ 时，有

$$\lim_{n\to\infty} r_n = R$$

$$\lim_{n\to\infty} P_n = 2\pi R$$

$$S = \lim_{n\to\infty} S_n = \lim_{n\to\infty}\left(\frac{1}{2} r_n P_n\right) = \frac{1}{2} R \cdot 2\pi R = \pi R^2$$

这样，我们把 S_n 的极限值作为 S，即用正 n 边形的面积的极限值作为圆的面积，这一过程就是一个从量变到质变的过程，量变即 $S_n \approx S$，质变即 $\lim_{n\to\infty} S_n = S$.

第 7 章　导数及其应用

7.1　导数的概念

7.1.1　导数的概念

函数 $y=f(x)$ 的导数 $f'(x)$，就是当 $\Delta x\to 0$ 时，如果函数的增量 Δy 与自变量的增量 Δx 的比 $\frac{\Delta y}{\Delta x}$ 的极限存在，即

$$f'(x)=\lim_{\Delta x\to 0}\frac{\Delta y}{\Delta x}=\lim_{\Delta x\to 0}\frac{f(x+\Delta x)-f(x)}{\Delta x}$$

则此极限值称为函数 $y=f(x)$ 的**导数**，记为 $f'(x)$. 而 $f'(x_0)$ 就是导数 $f'(x)$ 在点 x_0 处的函数值，即

$$f'(x_0)=f'(x)\Big|_{x=x_0}$$

要注意，$f'(x)$ 是一个函数，$f'(x_0)$ 是一个函数值.

7.1.2　导数的几何意义

函数 $y=f(x)$ 在点 x_0 处的导数的几何意义，就是曲线 $y=f(x)$ 在点 $P(x_0, f(x_0))$ 处的切线的斜率，即

$$k=f'(x_0)$$

若 $f'(x_0)$ 存在，曲线 $y=f(x)$ 在点 $P(x_0, f'(x))$ 处的切线方程为

$$y-y_0=f'(x_0)(x-x_0)$$

7.1.3　求导数的方法

根据导数的定义求函数的导数，可分三步：

（1）求函数的增量 $\Delta y = f(x+\Delta x) - f(x)$；

（2）算平均变化率 $\dfrac{\Delta y}{\Delta x} = \dfrac{f(x+\Delta x) - f(x)}{\Delta x}$；

（3）取极限，得导数

$$f'(x) = \lim_{\Delta x \to 0}\frac{\Delta y}{\Delta x} = \lim_{\Delta x \to 0}\frac{f(x_0+\Delta x) - f(x_0)}{\Delta x}.$$

例题解析

例 1　用导数的定义求函数 $y = f(x) = x^2 - 1$ 在点 $x = 2\,013$ 处的导数.

分析：用导数的定义求函数的导数，可分为三步：

（1）求 $f(x)$；（2）求 $\dfrac{\Delta y}{\Delta x}$；（3）求 $\lim\limits_{\Delta x \to 0}\dfrac{\Delta y}{\Delta x}$.

解　由已知得

$$\begin{aligned}\Delta y &= f(2\,013+\Delta x) - f(2\,013)\\ &= [(2\,013+\Delta x)^2 - 1] - (2\,013^2 - 1)\\ &= (\Delta x)^2 + 4\,026\Delta x\end{aligned}$$

$$\frac{\Delta y}{\Delta x} = \Delta x + 4\,026$$

所以
$$\lim_{\Delta x \to 0}\frac{\Delta y}{\Delta x} = \lim_{\Delta x \to 0}(\Delta x + 4\,026) = 4\,026$$

故
$$f'(2\,013) = 4\,026$$

例 2　用导数的定义求函数 $y = x^2 + 2x - 3$ 的导数，并求在点 $x = 2\,013$ 处的导数.

分析：先求 y'，再求 $y'\big|_{x=2\,013}$ 的值.

解　由已知得

$$\begin{aligned}\Delta y &= [(x+\Delta x)^2 + 2(x+\Delta x) - 3] - (x^2 + 2x - 3)\\ &= (\Delta x)^2 + 2x\cdot\Delta x + 2\Delta x\end{aligned}$$

$$\frac{\Delta y}{\Delta x} = \Delta x + 2x + 2$$

所以
$$y' = \lim_{\Delta x \to 0}\frac{\Delta y}{\Delta x} = \lim_{\Delta x \to 0}(\Delta x + 2x + 2) = 2x + 2$$

故
$$y'\big|_{x=2\,013} = 2\times 2\,013 + 2 = 4\,028$$

例 3　已知曲线 $C: y = x^3 + 1$ 上一点 $P(1, 2)$，求：

（1）曲线上点 P 处的切线的斜率；

（2）曲线上点 P 处的切线的方程.

分析：由导数的几何意义得，函数 $y = x^3 + 1$ 在点 $x = 1$ 处的导数就是曲线 C 上点 $P(1, 2)$ 处的切线的斜率.

解　（1）由已知得

$$\begin{aligned}\Delta y &= [(x+\Delta x)^3 + 1] - (x^3 + 1) \\ &= (\Delta x)^3 + 3x \cdot (\Delta x)^2 + 3x^2 \cdot \Delta x\end{aligned}$$

$$\frac{\Delta y}{\Delta x} = (\Delta x)^2 + 3x \cdot \Delta x + 3x^2$$

所以

$$y' = \lim_{\Delta x \to 0} \frac{\Delta y}{\Delta x} = \lim_{\Delta x \to 0} [(\Delta x)^2 + 3x \cdot \Delta x + 3x^2] = 3x^2$$

故曲线 C 上点 $P(1, 2)$ 处的切线的斜率为

$$y'\big|_{x=1} = 3 \times 1^2 = 3$$

（2）已知点 $P(1, 2)$ 和点 P 处的切线的斜率 $k = 3$，由直线的点斜式方程得

$$y - 2 = 3(x - 1)$$

即所求曲线的切线方程为

$$3x - y - 1 = 0$$

精选习题

1. 求下列函数的导数：

（1）$y = x$；　　　　（2）$y = \dfrac{1}{x}$；

（3）$y = x^2$；　　　　（4）$y = 2$.

2. 求下列函数在指定点处的导数：

（1）$y=x^2+1$，$x_0=1$；（2）$y=(x-1)^2$，$x=2$；

（3）$y=\frac{1}{3}x^2$，$x=3$；（4）$y=x^2+2x$，$x=-1$.

3. 求曲线 $y=\sqrt{x+1}$ 在点 $P(3,2)$ 处的切线方程.

4. 求曲线 $y=\frac{1}{x+1}$ 在点 $P(0,1)$ 处的切线方程.

5. 已知 $y=x^2-2x-3$，求 y'，$y'|_{x=2}$.

6. 在直线轨道上运行的列车从刹车开始到时刻 t (s)，列车前进的距离为 $S(t)=20t-0.1t^2$．问列车刹车后几秒钟停车？刹车后前进了多少米？

7. 一物体作匀加速直线运动，其运动方程为 $S=5t^2$（S 的单位：m；t 的单位：s），求物体在 20 s 内的平均速度.

8. 一物体作匀加速直线运动，其运动方程为 $S=5t^2$（S 的单位：m；t 的单位：s），求物体在 20 s 时刻的瞬时速度.

9. 一物体作匀减速直线运动，其运动方程为 $S=5t-0.2t^2$（S的单位：m；t 的单位：s），求物体运动多少秒就停下来？

10. 一物体作匀减速直线运动，其运动方程为 $S=4t-0.2t^2$（S的单位：m；t 的单位：s），求物体运动多远就停下来？

7.2　常见函数的导数

内容提要

根据导数的定义，可得一些常见函数的导数公式，列举如下：

（1）$C'=0$（C 为常数）；

（2）$(x^n)'=nx^{n-1}\ (n\in\mathbf{Q})$　；

（3）$(\sin x)'=\cos x$；

（4）$(\cos x)'=-\sin x$；

（5）$(\tan x)'=\dfrac{1}{\cos^2 x}=\sec^2 x$；

（6）$(\mathrm{e}^x)'=\mathrm{e}^x$，

（7）$(a^x)'=a^x\ln a$；

（8）$(\ln x)'=\dfrac{1}{x}$，

（9）$(\log_a x)'=\dfrac{1}{x}\log_a \mathrm{e}=\dfrac{1}{x\ln a}$.

例题解析

例 1　求下列幂函数的导数：

（1）$y=x^4$；　　（2）$y=\dfrac{1}{x^3}$；

（3）$y=\sqrt[3]{x^2}$；　　（4）$y=\sqrt{x}\cdot\sqrt[3]{x}$.

解　（1）$y'=(x^4)'=4x^3$；

（2）$y'=\left(\dfrac{1}{x^3}\right)'=(x^{-3})'=-3x^{-3-1}=-3x^{-4}=-\dfrac{3}{x^4}$；

（3）$y'=\left(x^{\frac{2}{3}}\right)'=\dfrac{2}{3}x^{\frac{2}{3}-1}=\dfrac{2}{3}x^{-\frac{1}{3}}=\dfrac{2}{3\cdot\sqrt[3]{x}}$；

（4）$y'=\left(\sqrt{x}\cdot\sqrt[3]{x}\right)'=\left(x^{\frac{1}{2}}\cdot x^{\frac{1}{3}}\right)=\left(x^{\frac{5}{6}}\right)'$

$=\dfrac{5}{6}x^{\frac{5}{6}-1}=\dfrac{5}{6}x^{-\frac{1}{6}}=\dfrac{5}{6\cdot\sqrt[6]{x}}$

例 2　求指数函数 $y=\left(\dfrac{2}{3}\right)^x$ 的导数.

解　$y'=\left(\frac{2}{3}\right)^x \ln\frac{2}{3}$

例 3　求 $y=\log_3 x$ 在 $x=2$ 处的导数.

解　因为

$$y'=(\log_3 x)'=\frac{1}{x\ln 3}$$

所以

$$y'\big|_{x=2}=\frac{1}{2\ln 3}$$

例 4　已知函数 $f(x)=\tan x$，求 $f'(30°)$，$f'(45°)$.

解　因为

$$f'(x)=(\tan x)'=\frac{1}{\cos^2 x}$$

所以　$f'(30°)=\frac{1}{\cos^2 30°}=\frac{4}{3}$，$f'(45°)=\frac{1}{\cos^2 45°}=2$

1. 求下列函数的导数：

（1）$y=x^3$；　　（2）$y=\frac{1}{x^5}$；

（3）$y=\sqrt[4]{x^3}$；　　（4）$y=\frac{\sqrt[3]{x^2}}{\sqrt[4]{x^3}}$；

（5）$y=3^x$；　　（6）$y=\log_4 x$.

2. 求曲线 $y=\log_{1/2}x$ 在点 $P(2,-1)$ 处的切线方程.

3. 求曲线 $y=\sin x$ 在点 $P\left(\frac{\pi}{4},\frac{\sqrt{2}}{2}\right)$ 处的切线方程.

4. 求曲线 $y=2^x$ 在点 $P(0,1)$ 处的切线方程.

5. 求函数 $y=x^{\frac{1}{3}}$ 在点 $x=2$ 处的导数.

6. 将一个物体从静止开始自由释放，经过 t s，物体下落的高度为 $h(t)=5t^2$，求下落 0.5 s 时物体的速度和物体下落的高度.

7.3　导数的运算

内容提要

根据导数的定义，可以得出函数的求导法则：

1. 和（或差）的导数

$$[f(x) \pm g(x)]' = f'(x) \pm g'(x)$$

2. 积的导数

$$[f(x) \cdot g(x)]' = f'(x)g(x) + f(x)g'(x)$$

$$[Cf(x)]' = Cf'(x) \text{（} C \text{为常数）}$$

3. 商的导数

$$\left[\frac{f(x)}{g(x)}\right]' = \frac{f'(x)g(x) - f(x)g'(x)}{[g(x)]^2} \quad (g(x) \neq 0)$$

4. 复合函数的导数

$$y'_x = y'_u \cdot u'_x$$

例题解析

1. 和、差、积、商的导数

求函数的和、差、积、商的导数，理论依据由两部分组成，即导数公式和求导法则.

例 1　求函数 $y = 2x^3 + \sin x - \ln x$ 的导数.

解　分析：本题需用到导数公式

$$(x^n)' = nx^{n-1} (n \in \mathbf{Q}) \text{，} (\sin x)' = \cos x \text{，} (\ln x)' = \frac{1}{x} \text{；}$$

需用求导法则

$$[f(x) \pm g(x)]' = f'(x) \pm g'(x) \text{，}$$

$$[Cf(x)]' = Cf'(x) \text{（} C \text{为常数）}$$

得
$$y' = (2x^3)' + (\sin x)' - (\ln x)' = 6x^2 + \cos x - \frac{1}{x}$$

例 2　求函数 $y = 2^x \cos x - x\log_2 x$ 的导数.

解 分析：本题需用导数公式

$(a^x)' = a^x \ln a$, $(\cos x)' = -\sin x$, $(x^n)' = nx^{n-1}$ $(n \in \mathbf{Q})$,

$(\log_a x)' = \frac{1}{x}\log_a \mathrm{e} = \frac{1}{x\ln a}$

需用求导法则

$$[f(x)\cdot g(x)]' = f'(x)g(x) + f(x)g'(x),$$

$$[f(x) - g(x)]' = f'(x) - g'(x)$$

得
$$\begin{aligned} y' &= (2^x \cos x)' - (x\log_2 x)' \\ &= (2^x)'\cos x + 2^x(\cos x)' - [x'\log_2 x + x(\log_2 x)'] \\ &= 2^x \ln 2\cdot\cos x - 2^x\cdot\sin x - [\log_2 x + x\cdot\frac{1}{x}\log_2 \mathrm{e}] \\ &= 2^x \ln 2\cdot\cos x - 2^x\sin x - \log_2 x - \log_2 \mathrm{e} \end{aligned}$$

例 3 已知函数 $y = \frac{2x+3}{\cos x}$ ，求 $y'\big|_{x=\frac{\pi}{4}}$.

解 分析：本题需用导数公式

$C' = 0$（ C 为常数）, $(x^n)' = nx^{n-1}$ $(n \in \mathbf{Q})$, $(\cos x)' = -\sin x$;

本题需用求导法则

$$\left[\frac{f(x)}{g(x)}\right]' = \frac{f'(x)g(x) - f(x)g'(x)}{[g(x)]^2} \quad (g(x) \neq 0),$$

$[f(x) + g(x)]' = f'(x) + g'(x)$ ， $[Cf(x)]' = Cf'(x)$ （ C 为常数）

得
$$\begin{aligned} y' &= \frac{(2x+3)'\cos x - (2x+3)(\cos x)'}{\cos^2 x} \\ &= \frac{[(2x)' + 3']\cos x + (2x+3)\sin x}{\cos^2 x} \\ &= \frac{2\cos x + (2x+3)\sin x}{\cos^2 x} \end{aligned}$$

故
$$\begin{aligned} y'\big|_{x=\frac{\pi}{4}} &= \frac{2\cos\frac{\pi}{4} + \left(2\times\frac{\pi}{4} + 3\right)\sin\frac{\pi}{4}}{\cos^2\frac{\pi}{4}} \\ &= 5\sqrt{2} + \frac{\sqrt{2}}{2}\pi \end{aligned}$$

2. 复合函数的导数

求复合函数的导数，着重在于划分复合函数的复合层次，再结合复合函数的求导法则，即可求得.

例 4 求下列函数的导数：

（1） $y = \sin(x^2 - 2x - 3)$;

（2）$y=\cos^2(2^x+x)$；

（3）$y=\lg\sqrt{x^2+1}$.

分析：本例的三个函数都是复合函数，复合函数对自变量的导数，等于已知函数对中间变量的导数乘以中间变量对自变量的导数.

解　（1）设 $y=\sin u$，$u=x^2-2x-3$，则

$$y'_x=y'_u\cdot u'_x=(\sin u)'_u\cdot(x^2-2x-3)'_x$$
$$=\cos u\cdot(2x-2)=(2x-2)\cos(x^2-2x-3)$$

（2）设 $y=u^2$，$u=\cos v$，$v=2^x+x$，则

$$y'_x=y'_u\cdot u'_v\cdot v'_x=(u^2)'_u\cdot(\cos v)'_v\cdot(2^x+x)'_x$$
$$=2u\cdot(-\sin v)\cdot(2^x\ln 2+1)=-2\cos v\sin v(2^x\ln 2+1)$$
$$=-\sin 2v(2^x\ln 2+1)=-(2^x\ln 2+1)\sin(2^{x+1}+2x)$$

（3）设 $y=\lg u$，$u=\sqrt{v}$，$v=x^2+1$，则

$$y'_x=y'_u\cdot u'_v\cdot v'_x=(\lg u)'_u\cdot(\sqrt{v})'_v\cdot(x^2+1)'_x$$
$$=\frac{1}{u}\lg e\cdot\frac{1}{2\sqrt{v}}\cdot 2x=\frac{1}{\sqrt{v}}\lg e\cdot\frac{1}{\sqrt{v}}\cdot x$$
$$=\frac{x}{v}\lg e=\frac{x}{x^2+1}\lg e$$

求复合函数的导数，关键在于分析清楚函数的复合关系，选好中间变量. 在熟练以后，就不必再写中间步骤，如例 4 的解题过程可以直接写成：

（1）$y'_x=[\sin(x^2-2x-3)]'=\cos(x^2-2x-3)\cdot(x^2-2x-3)'$

$$=(2x-2)\cos(x^2-2x-3)$$

（2）$y'_x=[\cos^2(2^x+x)]'=2\cos(2^x+x)\cdot[\cos(2^x+x)]'$

$$=2\cos(2^x+x)\cdot[-\sin(2^x+x)]\cdot(2^x+x)'$$
$$=-\sin[2(2^x+x)]\cdot(2^x\ln 2+1)$$
$$=-(2^x\ln 2+1)\sin(2^{x+1}+2x)$$

（3）$y'_x=\left(\lg\sqrt{x^2+1}\right)'=\dfrac{1}{\sqrt{x^2+1}}\lg e\cdot\left(\sqrt{x^2+1}\right)'$

$$=\frac{1}{\sqrt{x^2+1}}\lg e\cdot\frac{1}{2\sqrt{x^2+1}}\cdot(x^2+1)'$$
$$=\frac{1}{2(x^2+1)}\lg e\cdot 2x=\frac{x}{x^2+1}\lg e$$

精选习题

1. 求下列函数的导数：

（1）$y=3x^4+5x^2+12$；（2）$y=\frac{x-1}{x+1}$；

（3）$y=(1+\sin x)(1+\cos x)$；（4）$y=-\frac{2}{\sqrt{x}}-\frac{3}{2\sqrt[3]{x^2}}-\frac{1}{x}-1$.

2. 求下列函数的导数：

（1）$y=(x^2-4x+3)^3$；（2）$y=\cos^2(2^x-5)$；

（3）$y=\sin(x^2-9x+8)$；（4）$y=\sqrt[3]{\left(\frac{x}{1-x}\right)^2}$.

3. 求下列函数的导数：

（1）$y=a^{2x}\sin x^2$；（2）$y=a^{(x^2+2x-3)}$；

（3）$y=\ln\sqrt{x^2-x-1}$；（4）$y=\lg\sqrt{\frac{1+\sin x}{1-\sin x}}$.

4. 求抛物线 $y=x^2-x-2$ 在点 $P(0,-2)$ 处的切线方程.

5. 求曲线 $y=\mathrm{e}^{(2x+1)}$ 在点 $P(0,\mathrm{e})$ 处的切线方程.

6. 求曲线 $y=\log_2(x^2-x+1)$ 在点 $P(1,0)$ 处的切线方程.

7.4 导数的应用

内容提要

7.4.1 函数的单调性

当函数 $y=f(x)$ 在某个区间内可导时，如果 $f'(x)>0$，则 $f(x)$ 在该区间为**增函数**；如果 $f'(x)<0$，则 $f(x)$ 在该区间为**减函数**.

如果在某个区间内恒有 $f'(x)=0$，那么 $f(x)$ 在该区间为常数.

在判断函数的单调性时，我们通常先求出函数的驻点或导数不存在的点，用驻点或导数不存在的点把函数的定义域划分成若干个区间，再判断导数 $f'(x)$ 在各个区间内的正负号，从而得到函数在各个区间内的单调性的判别.

单调性的判别，一般需要列表讨论.

7.4.2 函数的极值

设函数 $f(x)$ 在 x_0 附近有定义，如果对 x_0 附近所有的点 x，都有

$$f(x)<f(x_0) \quad 或 \quad f(x)>f(x_0)$$

我们就说 $f(x_0)$ 是函数 $f(x)$ 的一个**极大值**（或**极小值**），而把 x_0 称为**极值点**.

7.4.3 极值的判别

一般地，当函数 $f(x)$ 在点 x_0 附近处连续可导时，判别 $f(x_0)$ 是极值的方法是：

（1）如果在 x_0 附近的左侧 $f'(x)>0$，右侧 $f'(x)<0$，那么 $f(x_0)$ 是极大值；

（2）如果在 x_0 附近的左侧 $f'(x)<0$，右侧 $f'(x)>0$，那么 $f(x_0)$ 是极小值.

具体判别需列表讨论.

注：对于可导函数，极值点处的导数为 0，但导数为 0 的点不一定是极值点；导数不存在的点，也可能是极值点.

例如，对于函数 $f(x)=x^3$，在点 $x=0$ 处的导数是 0，但它不是极值点；

而对于 $y=|x|$，在点 $x=0$ 处导数不存在，但 $x=0$ 是它的极小值点.

求函数极值步骤如下：

（1）求函数的定义域；

（2）求导数 $f'(x)$；

（3）令 $f'(x)=0$，求得函数的全部驻点和导数不存在的点；

（4）依这些点从小到大的顺序，将定义域划分为若干个小区间，将 x、y'、y 列在一个表格里，讨论 $f'(x)$ 在各个小区间内的正负号及 y 的变化情况；

（5）观察 $f'(x)$ 在驻点和导数不存在的点左右侧的符号，如果 $f'(x)$ 在这些点附近符号变化是从左正到右负，那么 $f(x)$ 在此点处取得极大值，如果 $f'(x)$ 在这些点符号变化是从左负到右正，那么 $f(x)$ 在此点处取得极小值；

（6）如果 $f'(x)$ 在驻点和导数不存在的点附近左右侧的符号不变，则 $f(x)$ 在此点没有极值.

例题解析

例 1　证明函数 $y=x^3-x^2+x$ 在 $(-\infty,+\infty)$ 上是增函数.

分析：只需证明对任意的实数 x，都有 $y'>0$.

证明　函数的定义域为 $(-\infty,+\infty)$. 对于 $y=x^3-x^2+x$，其导数为：

$$y'=3x^2-2x+1=2x^2+x^2-2x+1=2x^2+(x-1)^2$$

对任意的实数 x，$y'>0$ 总成立，所以，函数 $y=x^3-x^2+x$ 在 $(-\infty,+\infty)$ 上是增函数.

例 2　讨论函数 $y=x^3-12x$ 的单调性.

分析：讨论函数的单调性，就是要把函数的定义域用驻点或导数不存在的点，划分成若干个区间，指出函数在这些区间上的单调性. 解决此类问题，关键点就是讨论函数的导数的符号的变化.

解 $y=x^3-12x$ 的定义域是 **R**. 对于 $y=x^3-12x$，其导数为

$$y'=3x^2-12$$

令 $y'>0$，得

$$x<-2 \text{ 或 } x>2$$

令 $y'<0$，得

$$-2<x<2$$

故函数在 $(-\infty,-2)$、$(2,+\infty)$ 上是增函数，在 $(-2,2)$ 上是减函数. 对于比较复杂函数，就需要列表讨论函数是否存在极值.

例 3 确定函数 $y=x^3-x^2-x$ 的单调区间.

分析：确定函数定义域求 y'，令 $y'=0$，可得函数的驻点，以此作为分界点，将函数定义域分成几个区间，列表讨论 y' 的符号，可得 y 的单调区间.

解 $y=x^3-x^2-x$ 的定义域是 **R**. 对于 $y=x^3-x^2-x$，其导数为

$$y'=3x^2-2x-1=(x-1)(3x+1)$$

令 $y'=0$，得

$$x_1=-\frac{1}{3} \text{ 和 } x_2=1$$

列表（7.1）讨论：

表 7.1

x	$\left(-\infty,-\frac{1}{3}\right)$	$-\frac{1}{3}$	$\left(-\frac{1}{3},1\right)$	1	$(1,+\infty)$
$f'(x)$	+	0	−	0	+
$f(x)$					

从表 7.1 可得，函数 $y=x^3-x^2-x$ 的单调递增区间为：$\left(-\infty,-\frac{1}{3}\right)\cup(1,+\infty)$，单调递减区间为：$\left(-\frac{1}{3},1\right)$.

例 4 求函数 $y=x^3-3x^2-9x+12$ 的极值.

分析：$y=f(x)$ 可导函数，按前面提出极值的求解方法步骤进行求解.

解 函数的定义域是 **R**. 对于 $y=x^3-3x^2-9x+12$，其导数为

$$y' = 3x^2 - 6x - 9$$

令 $y' = 0$，即 $3x^2 - 6x - 9 = 0$，得

$$x_1 = -1，\quad x_2 = 3$$

列表（7.2）讨论：

表 7.2

x	$(-\infty, -1)$	-1	$(-1, 3)$	3	$(3, +\infty)$
y'	+	0	−	0	+
y	↗	极大值 17	↘	极小值 −15	↗

所以当 $x = -1$ 时，y 有极大值，且 $y_{极大} = f(-1) = 17$；当 $x = 3$ 时，y 有极小值，且 $y_{极小} = f(3) = 15$.

例 5　讨论函数 $y = (x-1)^2 x^3$ 的极值.

分析：把 x、y'、y 列在一个表格里，这样便于根据 x 的变化来分析 y' 与 y 的相应变化情况，从而讨论函数的极值情况.

解　函数的定义域是 $\mathbf{R}$. 对于 $y = (x-1)^2 x^3$，其导数为

$$y' = 2(x-1)x^3 + 3(x-1)^2 x^2 = x^2(x-1)(5x-3)$$

令 $y' = 0$，即 $x^2(x-1)(5x-3) = 0$，得

$$x_1 = 0，\quad x_2 = \frac{3}{5}，\quad x_3 = 1$$

x_1、x_2、x_3 把函数的定义域分成四个区间，在这些区间上，y'、y 的变化情况如表 7.3 所示.

表 7.3

x	$(-\infty, 0)$	0	$\left(0, \frac{3}{5}\right)$	$\frac{3}{5}$	$\left(\frac{3}{5}, 1\right)$	1	$(1, +\infty)$
y'	+	0	+	0	−	0	+
y	↗	无极值	↗	极大值 $\frac{108}{3125}$	↘	极小值 0	↗

所以当 $x = 0$ 时，y 无极大值；

当 $x = \frac{3}{5}$ 时，y 有极大值，且 $y_{极大} = f\left(\frac{3}{5}\right) = \frac{108}{3\ 125}$；

当 $x = 1$ 时，y 有极小值，且 $y_{极小} = f(1) = 0$.

精选习题

一、判断题

1. 若 $f'(x_0)=0$，则 x_0 必是驻点. ( )

2. 若 $f'(x_0)=0$，则 x_0 必是极值点. ( )

3. 若 $f'(x)$ 在驻点 $x=x_0$ 左右值的符号相同，则驻点 $x=x_0$ 处无极值；若 $f'(x)$ 在驻点 $x=x_0$ 左右值的符号相反，则驻点 $x=x_0$ 处有极值. ( )

4. 若 $f'(x)$ 在驻点 $x=x_0$ 左右值的符号是：左正右负，则 y 在驻点 $x=x_0$ 处有极小值；若 $f'(x)$ 在驻点 $x=x_0$ 左右值的符号是：左负右正，则 y 在驻点 $x=x_0$ 处有极大值. ( )

二、填空题

1. 函数 $y=x^2-9x+8$ 的递增区间是__________，递减区间是__________.

2. 函数 $y=-2x^2+5x-3$ 在其定义域内的极值点是________，极值是_____.

三、解答题

1. 求 $y=x^3-12$ 的极值.

2. 求 $y=x^4-2x^2$ 的极值.

3. 求 $y = x^4 - 2x^3 + x^2 + 1$ 的极值.

4. 讨论函数 $y = x^2(x-1)^3$ 的极值.

7.5 函数的最大值与最小值

内容提要

在生活、生产和科学研究中，常常会遇到“强度最大”“用料最省”“功率最大”“效率最高”“生产过程最快”“投资最少”“收入最高”“周期最短”这一类问题，在数学上往往归结为求函数的最大值或最小值问题.

7.5.1 对最大值与最小值的规定

（1）如果函数 $y=f(x)$ 是常数函数，即 $f(x)=C$（C 是常数），我们规定：

$$y_{最大}=y_{最小}=C$$

（2）如果函数 $y=f(x)$ 不是常数函数，设函数 $y=f(x)$ 的定义域是 D，对于 $x_0\in D$ 和 $\forall\, x\in D$：

若 $f(x)\leqslant f(x_0)$，则称 $f(x_0)$ 是 $f(x)$ 的**最大值**；

若 $f(x)\geqslant f(x_0)$，则称 $f(x_0)$ 是 $f(x)$ 的**最小值**.

7.5.2 最大值与最小值的存在性

一般地，在闭区间上连续的函数 $y=f(x)$ 在 $[a,b]$ 上必有最大值与最小值.

注意，在开区间 (a,b) 内连续的函数 $f(x)$ 不一定有最大值与最小值. 例如，函数 $f(x)=\dfrac{1}{x}$ 在 $(0,+\infty)$ 内连续，但在 $(0,+\infty)$ 内没有最大值与最小值.

7.5.3 最大值与最小值的求解步骤

设函数 $f(x)$ 在 $[a,b]$ 上连续，求 $f(x)$ 在 $[a,b]$ 上的最大值与最小值的步骤如下：

（1）求 $f(x)$ 在 (a,b) 内所有驻点和导数不存在点的函数值；

（2）将 $f(x)$ 的这些点的函数值与端点的函数值 $f(a)$ 与

$f(b)$ 进行比较，其中最大的一个是最大值，最小的一个是最小值.

特别地，若函数在开区间内只有一个极值点，则该极值一定是函数的最大值或最小值. 对于实际问题中的最大或最小值问题，则由实际问题的意义来判断.

例题解析

例 1　求函数 $y=x^4-2x^3+x^2+1$ 在闭区间 $[-1,3]$ 上的最大值与最小值.

分析：因为 $f(x)$ 在 $(-\infty, +\infty)$ 可导，只需把闭区间 $[-1,3]$ 上所有驻点的函数值与区间端点的函数值放在一起加以比较，其中最大的一个是最大值，最小的一个是最小值.

解　对于 $y=x^4-2x^3+x^2+1$，有

$$y'=4x^3-6x^2+2x$$

令 $y'=0$，即 $4x^3-6x^2+2x=0$，得驻点

$$x_1=0,\quad x_2=\frac{1}{2},\quad x_3=1$$

以上三个驻点的函数值分别为

$$f(0)=1,\quad f\left(\frac{1}{2}\right)=\frac{17}{16},\quad f(1)=1$$

闭区间 $[-1,2]$ 端点的函数值分别为

$$f(-1)=5,\quad f(3)=37$$

将以上五个函数值进行比较得

$$y_{最大}=37,\quad y_{最小}=1$$

例 2　（1）有一直径为 d 的圆木，现要将它锯成矩形横梁，问如何锯才能使矩形横梁的强度最大？已知矩形横梁的强度同它断面的高与宽的乘积成正比.

（2）依据第（1）小题的结果，要将直径为 80 cm 的圆木锯成强度最大的横梁，断面的高和宽各应是多少？

分析：第（1）小题，由题意知，横梁的强度与其断面的高或宽有关，即横梁的强度是随着其断面的高或宽变化而变化，即横梁的强度是其断面的高或宽的函数. 先建立函数关系式，再利用导数来讨论横梁的高或宽为多少时，横梁的强度最大.

第（2）小题，据第（1）小题结果，将数值代入计算，便得本题结果.

解 如图 7.1 所示，设横梁断面宽为 x，高为 h，横梁的强度为 y，则

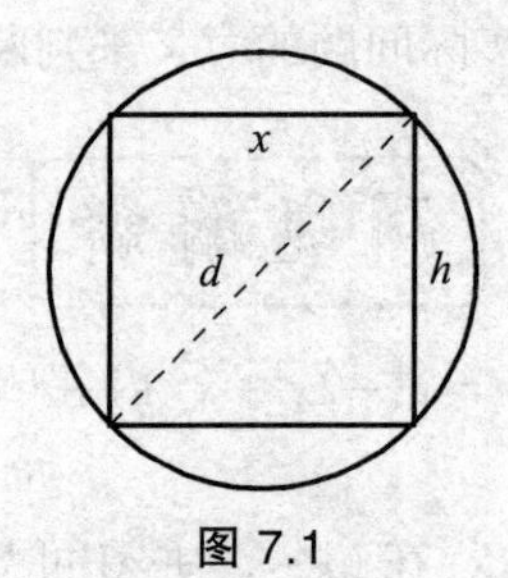

图 7.1

$$h=\sqrt{d^2-x^2}\text{，}\quad y=kxh\text{（}k\text{ 为比例系数，}k>0\text{）}$$

故
$$y=kx\sqrt{d^2-x^2}\quad(0<x<d)$$

从实际情况看，横梁强度函数在 $(0,d)$ 内一定有最大值.

令
$$y'=k\left(\sqrt{d^2-x^2}-\frac{x^2}{\sqrt{d^2-x^2}}\right)=k\cdot\frac{d^2-2x^2}{\sqrt{d^2-x^2}}=0$$

得
$$x=\pm\frac{\sqrt{2}}{2}d$$

$x=-\frac{\sqrt{2}}{2}d$ 无意义，故舍去，从而在定义域 $(0,d)$ 内，横梁强度函数为

$$y=kx\sqrt{d^2-x^2}$$

且只有一个驻点

$$x=\frac{\sqrt{2}}{2}d$$

横梁强度函数在这一点的函数值，就是横梁强度的最大值，此时

$$h=\sqrt{d^2-x^2}=\frac{\sqrt{2}}{2}d$$

故当横梁断面的宽和高均为 $\frac{\sqrt{2}}{2}d$ 时，横梁的强度最大.

（2）由第（1）小题的结果，有

$$x=\frac{\sqrt{2}}{2}d=\frac{\sqrt{2}}{2}\times80=40\sqrt{2}\text{；}\quad h=\frac{\sqrt{2}}{2}d=\frac{\sqrt{2}}{2}\times80=40\sqrt{2}$$

故当横梁断面的宽和高均为 $40\sqrt{2}$ cm 时，横梁的强度最大.

例 3　某超市销售某种品牌的纯牛奶，已知进价为每箱 45 元. 市场调查发现：若每箱以 60 元销售，平均每天可销售 40 箱；价格每降 1 元，平均每天多销售 20 箱，设每箱售价为 x 元.

（1）写出平均每天销售利润 y（元）与 x（元）之间的函数关系式及自变量 x 的取值范围；

（2）每箱售价为多少元时，可获得最大利润，最大利润是多少？

分析：第（1）小题，是求总利润. 总利润 y 等于单箱牛奶的利润乘以售出牛奶的箱数；而单箱牛奶的利润等于售价 x 减去成本价 45 元，由此可得出总利润 y 与售价 x 的函数关系式.

第（2）小题，由第（1）小题求出的总利润 y 与售价 x 的函数关系式，利用导数可求得最大利润.

解　（1）单箱牛奶的利润为 $x-45$；采取促销手段后，售出牛奶的箱数为

$$40+\frac{60-x}{1}\times 20=40+20(60-x)$$

故总利润为

$$\begin{aligned} y&=(x-45)[40+20(60-x)] \\ &=20(x-45)(62-x) \quad (45<x<60) \end{aligned}$$

（2）求 y 的导数，得

$$y'=20[(62-x)+(45-x)]=20(107-2x)$$

令 $y'=0$，得

$$x=53.5$$

当 x 在 $(45,60)$ 内变化时，导数 y' 的正负如表 7.4 所示.

表 7.4

x	$(45,53.5)$	53.5	$(53.5,60)$
y'	$+$	0	$-$

因此在 $x=53.5$ 处，函数 y 取得极大值，并且这个极大值就是函数 y 的最大值.

将 $x=53.5$ 代入 y，得最大利润

$$y_{\max}=20(53.5-45)(62-53.5)=1\,445$$

精选习题

一、判断题

1. 只要是连续函数，必有最大值和最小值. （ ）

2. 对于所有的函数，极大值就是最大值，极小值就是最小值. （ ）

二、填空题

1. 在定义域内，当 $x=$________，函数 $y=x^2-8x+7$ 有最大值，$y_{最大}=$________.

2. 在 $-2\leqslant x\leqslant 2$ 内，当 $x=$________，函数 $y=x^3-3x+1$ 有最大值，$y_{最大}=$________；当 $x=$________，函数 $y=x^3-3x+1$ 有最小值，$y_{最小}=$________.

三、解答题

1. 某种商品以 8 元购进，若按每件 10 元售出，每天可销售 200 件，现采用提高售价、减少进货量的办法来增加利润，已知这种商品每涨价 0.5 元，其销售量就减少 10 件. 请问售价提高到多少元时利润最大，最大利润是多少？

2. 某商场将进货价为 30 元的书包以 40 元售出，平均每月能售出 600 个. 调查表明:这种书包的售价每上涨 1 元，其销售量就减少 10 个.

（1）请写出每月售出书包利润 y（元）与每个书包售价 x（元）间的函数关系式.

（2）每个书包售价为多少元时该商场获利最大？最大利润是多少？

3. 某宾馆有客房 90 间，当每间客房的定价为每天 140 元时，客房会全部住满. 当每间客房每天的定价每涨 10 元时，就会有 5 间客房空闲. 如果旅客居住客房，宾馆需对每间客房每天支出 60 元的各种费用.

（1）请写出该宾馆每天的利润 y（元）与每间客房涨价 x（元）之间的函数关系式.

（2）请问客房定价多少时宾馆获利最大？最大利润是多少？

4. 某体育用品商店购进一批滑板，每件进价为 100 元，售价为 130 元，每星期可卖出 80 件. 商家决定降价促销，根据市场调查，每降价 5 元，每星期可多卖出 20 件.

（1）求商家降价前每星期的销售利润为多少元？

（2）降价后，商家要使每星期的销售利润最大，应将售价定为多少元？最大销售利润是多少？

5. 某商场销售一种进价为 20 元/台的台灯，经调查发现，该台灯每天的销售量 Q（台），销售单价 x（元）满足 $Q=-2x+80$，设销售这种台灯每天的利润为 y（元）.

（1）求 y 与 x 之间的函数关系式.

（2）当销售单价定为多少元时每天的利润最大？最大利润是多少？

6. 某超市销售一种饮料，平均每天可售出 100 箱，每箱利润 120 元. 为了扩大销售，增加利润，超市准备适当降价. 据测算，若每箱降价 1 元，每天可多售出 2 箱.

（1）如果要使每天销售饮料获利 14 000 元，问每箱应降价多少元?

（2）每箱降价多少元超市每天获利最大? 最大利润是多少?

☞ 阅读材料

磁盘的最大存储量

微型计算机把数据存储在磁盘上.磁盘是带有磁性介质的圆盘，并由操作系统将其格式化成磁道和扇区. 磁道是指不同半径所构成的同心圆轨道，扇区是指被圆心角分割成的扇形区域. 磁道上的定长的弧可作为基本存储单元，根据其磁化与否可分别记录数据 0 或 1，这个基本单元通常称为比特（bit）. 磁盘的构造如图 7.2 所示.

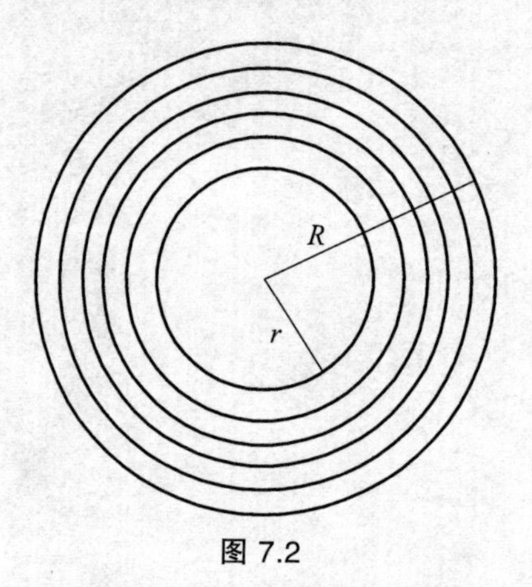

图 7.2

为了保障磁盘的分辨率，磁道之间的宽度必须大于 m，每比特所占用的磁道长度不得小于 n. 为了数据检索的方便，磁盘格式化时要求所有磁道具有相同的比特数.

现有一张半径为 R 的磁盘，它的储存区是半径介于 r 与 R 的环形区域，试确定 r，使磁盘具有最大存储量（最外面的磁道不存储任何信息）.

解 存储量=磁道数×每磁道的比特数

设储存区的半径介于 r 与 R 之间，由于磁道之间的宽度必须大于 m，且最外面的磁道不存储任何信息，故磁道数最多可达 $\dfrac{R-r}{m}$. 由于每条磁道上的比特数相同，为获得最大的存储量，最内一条磁道必须装满，即每条磁道上的比特数最多可达到 $\dfrac{2\pi r}{n}$. 所以磁盘总存储量为

$$y=f(r)=\frac{R-r}{m}\cdot\frac{2\pi r}{n}=\frac{2\pi}{mn}r(R-r)\quad(0<r<R)$$

为求 $f(r)$ 的极值，计算

$$f'(r)=\frac{2\pi}{mn}(R-2r)$$

令　　$f'(r)=0$

解得　　$r=\frac{R}{2}$

故当 $r=\frac{R}{2}$ 时，磁盘具有最大存储量，此时最大存储量为 $\frac{\pi R^2}{2mn}$.

第 8 章　积分学初步

8.1　不定积分的概念

内容提要

8.1.1　原函数的概念

定义　设 $f(x)$ 是定义在区间 I 上的一个函数，如果存在函数 $F(x)$，在区间任一点 x 处都有 $F'(x)=f(x)$，则称 $F(x)$ 为 $f(x)$ 的一个**原函数**.

初等函数在其定义区间上必有原函数.

8.1.2　不定积分的定义

定义　如果函数 $F(x)$ 是 $f(x)$ 的一个原函数，则称 $f(x)$ 的全部原函数 $F(x)+C$ (其中 C 为任意常数)为 $f(x)$ 的不定积分，记为 $\int f(x)\mathrm{d}x$，即 $\int f(x)\mathrm{d}x=F(x)+C$. 其中“$\int$”叫作**积分号**，$f(x)$ 叫作**被积函数**，x 叫作**积分变量**，$f(x)\mathrm{d}x$ 叫作**被积表达式**，C 叫作**积分常数**.

求一个函数 $f(x)$ 的不定积分，只需求出 $f(x)$ 的一个原函数，再加上任意常数即可.

8.1.3　不定积分的几何意义

由不定积分的定义，可知若函数 $F(x)$ 是 $f(x)$ 的一个原函数，则有 $\int f(x)\mathrm{d}x=F(x)+C$（$C$ 为任意常数），C 每确定一个值 C_0，就确定 $y=F(x)+C_0$ 的一个 $f(x)$ 原函数，在直角坐标系中就确定一条曲线，这条曲线叫作 $f(x)$ 的一条积分曲线. 因为 C 可以任意取值，所以 $f(x)$ 的积分曲线有无穷多条，所有的这些积分曲线构成一个曲线族，我们称为 $f(x)$ 的积分曲线族. 这就是不定积分的几何意义.

由于积分与导数互为逆运算，我们得到：对速度函数的积分可求出距离函数. 对加速度函数的积分可求出速度函数.

例题解析

例 1　用求导数的方法验证下列等式：

（1）$\int 3x\mathrm{d}x = \frac{3}{2}x^2 + C$；

（2）$\int \sin x\mathrm{d}x = -\cos x + C$；

（3）$\int \frac{1}{\sqrt{1-x^2}}\mathrm{d}x = \arcsin x + C$；

（4）$\int (x^2+1)\mathrm{d}x = \frac{x^3}{3} + x + C$.

解（1）因为 $\left(\frac{3}{2}x^2\right)' = 3x$，所以

$$\int 3x\mathrm{d}x = \frac{3}{2}x^2 + C$$

（2）因为 $(-\cos x)' = \sin x$，所以

$$\int \sin x\mathrm{d}x = -\cos x + C$$

（3）因为 $(\arcsin x)' = \frac{1}{\sqrt{1-x^2}}$，所以

$$\int \frac{1}{\sqrt{1-x^2}}\mathrm{d}x = \arcsin x + C$$

（4）因为 $\left(\frac{1}{3}x^3 + x\right)' = x^2 + 1$，所以

$$\int (x^2+1)\mathrm{d}x = \frac{x^3}{3} + x + C$$

例 2　已知某曲线上任意一点处的切线斜率为 $2x$，且曲线经过点 $M(-2,-1)$，求此曲线方程.

解　设所求曲线方程为 $y = F(x)$，依题意有

$$F'(x) = 2x$$

又因为

$$F(x)\big|_{x=-2}=-1$$

则
$$y=F(x)=\int 2x\mathrm{d}x=x^2+C$$

将 $x=-2$，$y=-1$ 代入上式得 $C=-3$，故所求的曲线方程为

$$y=x^2-3$$

例 3 一物体作直线运动，其加速度为 $a=3t+4$．当 $t=2\text{ s}$ 时，该物体经过的速度和路程分别为 $v=15\text{ m/s}$，$S=50\text{ m}$．试求：

（1）物体的速度方程，并求当 $t=4\text{ s}$ 时物体的运动速度；

（2）物体的运动方程，并求当 $t=4\text{ s}$ 时物体经过的距离.

解 （1）设物体的速度方程 $v=v(t)$，依题意有

$$v=v(t)=\int(3t+4)\mathrm{d}t=\frac{3}{2}t^2+4t+C_1$$

将 $t=2$，$v=15$ 代入上式得 $C_1=1$，故所求的速度方程为

$$v=\frac{3}{2}t^2+4t+1$$

且当 $t=4\text{ s}$ 时，$v=23\text{ m/s}$.

（2）设物体的运动方程 $s=s(t)$，依题意有

$$s=s(t)=\int v(t)\mathrm{d}t=\int\left(\frac{3}{2}t^2+4t+1\right)\mathrm{d}t$$

$$=\frac{1}{2}t^3+2t^2+t+C_2$$

将 $t=2$, $S=50$ 代入上式得 $C_2=36$，故所求的运动方程为

$$s=\frac{1}{2}t^3+2t^2+t+36$$

且当 $t=4\text{ s}$ 时，$S=100\text{ m}$.

精选习题

一、判断题

1. 在区间 I 上若 $P'(x)=h(x)$，则 $P(x)$ 在 I 上是 $h(x)$ 的一个原函数.（ ）
2. 函数 $y=\sqrt{x}-5$ 在定义域上一定有原函数.（ ）

3. 积分与导数互为逆运算.　　　　(　　)

4. 若 $\int 3x\mathrm{d}x=\frac{3}{2}x^2+C$，则 $\frac{3}{2}x^2$ 是 $3x$ 的一个原函数.

(　　)

二、填空题

1. 若 $(x^2)'=2x$ 则 $2x$ 的全部原函数为____________.

2. 若 $\int g(x)\mathrm{d}x=q(x)+C$，$q'(x)=$____________.

3. 若 $(\arctan x)'=\frac{1}{1+x^2}$，则 $\int\frac{1}{1+x^2}\mathrm{d}x=$____________.

4. 对速度函数的积分可求出____________；对加速度函数的积分可求出____________.

三、选择题

1. 已知 $(\sin x)'=\cos x$，则下列结论不正确的是（　　）.

A. $\sin x$ 是 $\cos x$ 的一个原函数

B. $\sin x+1$ 是 $\cos x$ 的一个原函数

C. $\sin x-3$ 是 $\cos x$ 的一个原函数

D. $2\sin x$ 是 $\cos x$ 的一个原函数

2. 一物体作直线运动，其加速度为 $a=t+1$，当 $t=1\text{ s}$ 时，该物体的运动速度和路程分别为 10 m/s，$S=40\text{ m}$，那么，当 $t=2\text{ s}$ 时，物体的运动速度和物体经过的距离分别为（　　）.

A. $10\frac{1}{2}$ 和 $51\frac{1}{6}$　　　B. $12\frac{1}{2}$ 和 $51\frac{1}{6}$

C. $12\frac{1}{2}$ 和 $50\frac{1}{6}$　　　D. $10\frac{1}{2}$ 和 $50\frac{1}{2}$

3. 下列等式正确的是（　　）.

A. $\int\sin x\mathrm{d}x=\cos x+C$　　　B. $\int 2x\mathrm{d}x=x^2+C$

C. $\int\frac{1}{1+x^2}\mathrm{d}x=\arcsin x+c$　　　D. $\int 2x^2\mathrm{d}x=x^3+C$

4. 已知某曲线上任意一点处的切线斜率为 $3x^2$，且曲线经过点 $M(1,\ 2)$，则此曲线的方程为（　　）.

A. $y=x^3$　　　B. $y=x^3+1$

C. $y=3x^3$　　　D. $y=3x^3+1$

四、解答题

1. 用求导数的方法验证下列等式：

（1）$\int x^3 \mathrm{d}x = \frac{1}{4}x^4 + C$；（2）$\int \frac{1}{\sqrt{x}}\mathrm{d}x = 2\sqrt{x} + C$；

（3）$\int \frac{1}{x}\mathrm{d}x = \ln|x| + C$；（4）$\int \sec^2 x\mathrm{d}x + C = \tan x + C$.

2. 已知某函数的导数为$x+2$，又知当$x=2$时，该函数的值等于9，求此函数.

3. 一物体作直线运动，其加速度为 $a=2t+1$. 当 $t=2$ s 时，该物体经过的速度和路程分别为 $v=15$ m/s，$S=50$ m，试求：

（1）物体的速度方程，并求当 $t=4$ s 时物体的运动速度.

（2）物体的运动方程，并求当 $t=4$ s 时物体经过的距离.

4. 已知某曲线上任意一点处的切线斜率为 $3x$，且曲线经过点 $M(2,4)$，求此曲线方程.

8.2　积分的基本公式和性质、直接积分法、简易积分表及其用法

内容提要

8.2.1　积分的基本公式

（1）$\int \mathrm{d}x = x + C$；

（2）$\int x\mathrm{d}x = \frac{1}{2}x^2 + C$；

（3）$\int \frac{1}{x^2}\mathrm{d}x = -\frac{1}{x} + C$；

（4）$\int x^\alpha \mathrm{d}x = \frac{x^{\alpha+1}}{\alpha+1} + C$；

（5）$\int \sqrt{x}\mathrm{d}x = \frac{1}{2\sqrt{x}} + C$；

（6）$\int \frac{1}{x}\mathrm{d}x = \ln|x| + C$；

（7）$\int a^x \mathrm{d}x = \frac{1}{\ln a}a^x + C$；

（8）$\int \mathrm{e}^x \mathrm{d}x = \mathrm{e}^x + C$；

（9）$\int \sin x\mathrm{d}x = -\cos x + C$；

（10）$\int \cos x\mathrm{d}x = \sin x + C$；

（11）$\int \tan x\mathrm{d}x = \ln|\sec x| + C$；

（12）$\int \cot x\mathrm{d}x = -\ln|\csc x| + C$；

（13）$\int \sec x\mathrm{d}x = \ln|\sec x + \tan x| + C$；

（14）$\int \csc x\mathrm{d}x = -\ln|\csc x + \cot x| + C$；

（15）$\int \sec^2 x\mathrm{d}x = \tan x + C$；

（16）$\int \csc^2 x\mathrm{d}x = -\cot x + C$；

（17）$\int \frac{1}{\sqrt{1-x^2}}\mathrm{d}x = \arcsin x + C$；

（18）$\int \frac{1}{1+x^2}\mathrm{d}x = \arctan x + C$；

（19）$\int \sec x\tan x\mathrm{d}x = \sec x + C$；

（20）$\int \csc x \cot x \mathrm{d}x = -\csc x + C$.

8.2.2　积分的基本性质

（1）不定积分的导数等于被积函数，即

$$\left(\int f(x)\mathrm{d}x\right)' = f(x)$$

例如：$\left(\int x^3 \mathrm{d}x\right)' = x^3$，$\left(\int \sin x \mathrm{d}x\right)' = \sin x$.

（2）一个函数导数的不定积分等于该函数本身加上任意常数，即

$$\int F'(x)\mathrm{d}x = F(x) + C$$

（3）两个函数的代数和的不定积分等于这两个函数不定积分的代数和，即

$$\int [f(x) \pm g(x)]\mathrm{d}x = \int f(x)\mathrm{d}x \pm \int g(x)\mathrm{d}x$$

（4）被积函数的常数因子可提到积分号的外面，即

$$\int kf(x)\mathrm{d}x = k\int f(x)\mathrm{d}x \text{（} k \text{ 为不等于零的常数）}$$

8.2.3　直接积分法

直接利用基本积分公式和性质求出积分，或将被积函数经过简单的恒等变形，然后利用基本积分公式和性质求出积分，这样的积分方法称为**直接积分**.

8.2.4　简易积分表及其用法

直接查表就可求得有些不定积分.

例题解析

例 1　求 $\int \left(4x^3 + 2x^2 - \frac{1}{x} + 1\right)\mathrm{d}x$.

解　$\int \left(4x^3 + 3x^2 - \frac{1}{x} + 1\right)\mathrm{d}x$

$= \int 4x^3 \mathrm{d}x + \int 2x^2 \mathrm{d}x - \int \frac{1}{x}\mathrm{d}x + \int \mathrm{d}x$

$$=4\int x^3\mathrm{d}x+2\int x^2\mathrm{d}x-\int\frac{1}{x}\mathrm{d}x+\int\mathrm{d}x$$

$$=4\times\frac{1}{4}x^4+2\times\frac{1}{3}x^3-\ln|x|+x+C$$

$$=x^4+\frac{2}{3}x^3-\ln|x|+x+C$$

例 2　求 $\int(x^{\frac{1}{3}}-\sec x\tan x+\sec^2 x)\mathrm{d}x$.

解　原式$=\int x^{\frac{1}{3}}\mathrm{d}x-\int\sec x\tan x\mathrm{d}x+\int\sec^2 x\mathrm{d}x$

$$=\frac{x^{\frac{1}{3}+1}}{\frac{1}{3}+1}-\sec x+\tan x+C=\frac{3}{4}x^{\frac{4}{3}}-\sec x+\tan x+C$$

例 3　$\int\frac{\sqrt[5]{x}+2\sqrt[3]{x^2}+1}{\sqrt[3]{x}}\mathrm{d}x$.

解　$\int\frac{\sqrt[5]{x}+2\sqrt[3]{x^2}+1}{\sqrt[3]{x}}\mathrm{d}x$

$$=\int\left(x^{\frac{1}{5}-\frac{1}{3}}+2x^{\frac{2}{3}-\frac{1}{3}}+x^{-\frac{1}{3}}\right)\mathrm{d}x$$

$$=\int\left(x^{-\frac{2}{15}}+2x^{\frac{1}{3}}+x^{-\frac{1}{3}}\right)\mathrm{d}x$$

$$=\frac{x^{-\frac{2}{15}+1}}{-\frac{2}{15}+1}+2\times\frac{x^{\frac{1}{3}+1}}{\frac{1}{3}+1}+\frac{x^{-\frac{1}{3}+1}}{-\frac{1}{3}+1}+C$$

$$=\frac{15}{13}x^{\frac{13}{15}}+\frac{3}{2}x^{\frac{4}{3}}+\frac{3}{2}x^{\frac{2}{3}}+C$$

例 4　查表求 $\int\frac{\mathrm{d}x}{x(2+3x)}$.

解　被积函数含有 $a+bx$ ，其中 $a=2,b=3$ ，由公式得

$$\int\frac{\mathrm{d}x}{x(2+3x)}=-\frac{1}{2}\ln\left|\frac{2+3x}{x}\right|+C$$

例 5　查表求 $\int\frac{x^2\mathrm{d}x}{\sqrt{3+4x}}$.

解　被积函数含有 $\sqrt{a+bx}$ ，其中 $a=3,\ b=4$ ，由公式得

$$\int\frac{x^2\mathrm{d}x}{\sqrt{4+5x}}=\frac{2(8\times4^2-4\times4\times5x+3\times5^2x^2)}{15\times5^3}\sqrt{4+5x}+C$$

$$=-\frac{256-160x+75x^2}{1875}\sqrt{4+5x}+C$$

例 6　查表求 $\int \frac{dx}{x^2\sqrt{9-x^2}}$.

解　被积函数含有 $\sqrt{a^2-x^2}$，其中 $a=3$，由公式得

$$\int \frac{dx}{x^2\sqrt{9-x^2}} = -\frac{\sqrt{9-x^2}}{9x}+C$$

例 7　查表求 $\int \frac{dx}{3+2\cos x}$.

解　被积函数含有三角函数，其中 $a=3,\ b=2$，由公式得

$$\int \frac{dx}{3+2\cos x} = \frac{2}{\sqrt{3^2-2^2}}\arctan\frac{3\tan\frac{x}{2}+2}{\sqrt{3^2-2^2}}+C$$

$$\int \frac{dx}{3+2\sin x} = \frac{2}{\sqrt{5}}\arctan\left(\sqrt{\frac{3-2}{3+2}}\tan\frac{x}{2}\right)+C$$

例 8　查表求 $\int x^3\ln x dx$.

解　被积函数含有对数函数，其中 $n=2$，由公式得

$$\int x^3\ln x dx = x^{3+1}\left[\frac{\ln x}{3+1}-\frac{1}{(3+1)^2}\right]+C = x^4\left(\frac{\ln x}{4}-\frac{1}{16}\right)+C$$

精选习题

一、判断题

1. $(\int f(x)dx)' = f(x)$.　　(　　)
2. $\int[f(x)\pm g(x)]dx = \int f(x)dx \pm \int g(x)dx$.　　(　　)
3. $\int kf(x)dx = k\int f(x)dx$.　　(　　)
4. $\int F'(x)dx = F(x)$.　　(　　)

二、填空题

1. 若 $\int \sin x dx = -\cos x + C$，$\int \sec^2 x dx = \tan x + C$，则 $\int(\sin x + 2\sec^2 x)dx =$ ________；
2. $\int \cot x dx =$ ________；
3. $\int \sec x dx =$ ________；
4. 查表得：$\int \frac{dx}{3+2\cos x} =$ ________.

三、选择题

1. 已知 $F'(x)=f(x)$，则 $(\int f(x)\mathrm{d}x)'$ 等于（　　）.

A. $F(x)$　　B. $F(x)+C$

C. $f(x)$　　D. $f(x)+C$

2. $\left(\int x^4\mathrm{d}x\right)'$ 等于（　　）.

A. $\frac{1}{5}x^5+C$　　B. x^4+C

C. x^4　　D. $\frac{1}{5}x^5$

3. $\int(\cos x)'\,\mathrm{d}x$ 等于（　　）.

A. $\cos x+C$　　B. $\sin x+C$

C. $\cos x$　　D. $\sin x$

4. $\int\left(\frac{1}{\sqrt{x}}+\frac{1}{x}\right)\mathrm{d}x$ 等于（　　）.

A. $\sqrt{x}+\ln|x|+C$　　B. $2\sqrt{x}+\ln x+C$

C. $\cos x$　　D. $\sqrt{x}+\ln|x|+C$

四、解答题

1. 求下列函数的不定积分：

（1）$\int(4x^3+3x^2-2x+1)\mathrm{d}x$；

（2）$\int(\sin x-2\cos x+3\mathrm{e}^x)\mathrm{d}x$；

（3）$\int\frac{(x+\sqrt{x})^2}{\sqrt[3]{x}}\mathrm{d}x$；　　（4）$\int\frac{2x^2+1}{x^4+x^2}\mathrm{d}x$；

（5）$\int\frac{3x^2+2}{x^2+1}\mathrm{d}x$；　　（6）$\int\frac{x-9}{\sqrt{x}+3}\mathrm{d}x$；

（7）$\int\left(\frac{1}{x}+\frac{1}{x^2}-2^x+\sec^2 x\right)\mathrm{d}x$；　　（8）$\int 5^x\mathrm{e}^x\mathrm{d}x$.

2. 已知某函数的导数为 $x+3$，又知当 $x=1$ 时，该函数的值等于 $\frac{1}{2}$，求此函数.

3. 一物体作直线运动，其速度为 $v=2t^2+5t$．当 $t=2$ s 时，该物体经过的路程 $S=13$ m，试求物体的运动方程.

4. 一物体作直线运动，其加速度为 $a=2t+3$．当 $t=2\ \text{s}$ 时，该物体经过的速度和路程分别 $v=14\ \text{m/s}$，$S=56\frac{2}{3}\ \text{m}$，试求：

（1）物体的速度方程，并求当 $t=4\ \text{s}$ 时物体的运动速度；

（2）物体的运动方程，并求当 $t=4\ \text{s}$ 时物体经过的距离.

5. 查表求下列积分：

（1）$\int\frac{x\mathrm{d}x}{5+4x}$；（2）$\int\frac{x\mathrm{d}x}{\sqrt{5+4x}}$；

（3）$\int\frac{x\mathrm{d}x}{2+4x^2}$；（4）$\int\sqrt{9-x^2}\mathrm{d}x$；

（5）$\int\frac{x^2\mathrm{d}x}{\sqrt{x^2-4}}$；（6）$\int\frac{\mathrm{d}x}{\sqrt{3+4x-5x^2}}$；

（7）$\int\sin^2 x\mathrm{d}x$；（8）$\int x\arccos\frac{x}{a}\mathrm{d}x$；

（9）$\int\mathrm{e}^{2x}\sin 3x\mathrm{d}x$；（10）$\int\frac{1}{x\ln x}\mathrm{d}x$.

8.3　定积分的概念

8.3.1　定积分的概念

1. 曲边梯形的面积实例

在平面直角坐标系中，由连续曲线 $y=f(x)$ 与三条直线 $x=a,\ x=b$ 和 x 轴所围成的图形称为**曲边梯形**. 用分划、近似、求和、取极限得曲边梯形的面积的精确值为

$$A=\lim_{\|\Delta x\|\to 0}\sum_{i=1}^{n}f(\xi_i)\Delta x_i$$

2. 变速直线运动的路程实例

设一物体沿直线运动，已知速度 $v=v(t)$ 是时间间隔 $[a,b]$ 上的一个连续函数，且 $v(t)\geqslant 0$，且用上述方法也可求出物体在这段时间间隔内所经过的路程

$$A=\lim_{\|\Delta x\|\to 0}\sum_{i=1}^{n}v(t_i)\Delta t_i$$

8.3.2　定积分的定义

定义　设函数 $y=f(x)$ 在区间 $[a,b]$ 上连续用分点

$$a=x_0<x_1<x_2<\cdots<x_{i-1}<x_i<\cdots<x_{n-1}<x_n=b$$

把区间 $[a,b]$ 分成 n 个小区间：$[x_{i-1},x_i](i=1,2,\cdots,n)$，其长度为

$$\Delta x_i=x_i-x_{i-1}\ \ (i=1,2,\cdots,n)$$

在每个小区间 $[x_{i-1},x_i]$ 上，任取一点 $\xi_i\ (x_{i-1}\leqslant\xi_i\leqslant x_i)$，作函数值 $f(q_i)$ 与小区间长度 Δx_i 的乘积 $f(q_i)\Delta x_i$ $(i=1,2,\cdots,n)$ 并作和式

$$f(\xi_i)\Delta x_i\ (i=1,2,\cdots,n)$$

当最大的小区间的长度 $\|\Delta x\|$ 无限趋近于零时，即 $\|\Delta x\| \to 0$ 时，和式 $\sum_{i=1}^{n} f(\xi_i)\Delta x_i$ 的极限存在（此极限与 $[a,b]$ 的分法和 ξ_i 的取法无关），则称函数 $y = f(x)$ 在区间 $[a,b]$ 上可积，并把此极限值叫作函数 $y = f(x)$ 在区间 $[a,b]$ 上的**定积分**，记作 $\int_a^b f(x)\mathrm{d}x$，即

$$\int_a^b f(x)\mathrm{d}x = \lim_{\|\Delta x\| \to 0} \sum_{i=1}^{n} f(\xi_i)\Delta x_i$$

其中，"$\int$"叫作积分号，$f(x)$ 叫作被积函数，x 叫作积分变量，$f(x)\mathrm{d}x$ 叫作被积表达式，a 叫作积分下限，b 叫作积分上限，区间 $[a,b]$ 叫作积分区间用的定义. 前面两个实例中的面积和路程就可用定积分的形式写出来.

曲边梯形的面积 A 等于函数 $y = f(x)$（$f(x) \geqslant 0$）在区间 $[a,b]$ 上的定积分，即

$$A = \int_a^b f(x)\mathrm{d}x$$

作变速直线运动的物体所经过的路程等于其速度函数 $v = v(t)$ 在时间间隔 $[a,b]$ 上的定积分，即

$$S = \int_a^b v(t)\mathrm{d}t$$

8.3.3 定积分的几何意义

（1）若函数在区间 $[a,b]$ 上连续且 $f(x) \geqslant 0$，则定积分 $\int_a^b f(x)\mathrm{d}x$ 表示由曲线 $y = f(x)$，直线 $x = a,\ x = b$ 与 x 轴所围成的曲边梯形的面积 A.

2. 若函数在区间 $[a,b]$ 上连续且 $f(x) \leqslant 0$，则定积分 $\int_a^b f(x)\mathrm{d}x$ 表示由曲线 $y = f(x)$，直线 $x = a,\ x = b$ 与 x 轴所围成的曲边梯形的面积的负值.

总之，定积分 $\int_a^b f(x)\mathrm{d}x$ 在各种实际问题中所代表的意义不同，但它的值在几何图形上都可用曲边梯形的面积来表示，这就是定积分的几何意义.

例题解析

例 1　用定积分表示下列曲边所围成的平面图形的面积：

（1）$y=\sin x,\ x=0, x=\pi$；　（2）$y=e^x$；$x=0$；$x=2$

（3）$y=x^3, x=0, x=3$.

解　（1）由 $y=\sin x,\ x=0, x=\pi$ 所围成的平面图形的面积，用定积分表示为

$$A=\int_0^{\pi}\sin x\mathrm{d}x$$

（2）由 $y=e^x$，$x=0$，$x=2$ 所围成的平面图形的面积用定积分表示为

$$A=\int_0^{2}e^x\mathrm{d}x$$

（3）由 $y=x^3$，$x=0$，$x=3$ 所围成的平面图形的面积用定积分表示为

$$A=\int_0^{3}x^3\mathrm{d}x$$

例 2　利用定积分的几何意义，判断下列各定积分的值为正还是负：

（1）$\int_0^{\frac{\pi}{2}}\sin x\mathrm{d}x$；（2）$\int_{-\frac{\pi}{2}}^{0}\cos x\mathrm{d}x$；（3）$\int_{-1}^{2}x^2\mathrm{d}x$.

解　（1）因为在区间 $\left(0,\dfrac{\pi}{2}\right)$ 上 $\sin x>0$，所以

$$\int_0^{\frac{\pi}{2}}\sin x\mathrm{d}x>0$$

（2）因为在区间 $\left(-\dfrac{\pi}{2},0\right)$ 上 $\cos x>0$，所以

$$\int_{-\frac{\pi}{2}}^{0}\cos x\mathrm{d}x>0$$

（3）因为在区间（$-3,0$）上 $x^3<0$，所以

$$\int_{-1}^{2}x^3\mathrm{d}x<0$$

精选习题

一、判断题

1. $\int_2^2 x^2 \mathrm{d}x = 0$. ( )

2. 若在区间 $[a,\ b]$ 上，$f(x) < 0$, 则 $\int_a^b f(x)\mathrm{d}x < 0$. ( )

3. 由曲线 $y = \sin x$ 和直线 $x = 0, x = 2\pi$ 所围成的平面图形的面积为 $S = \int_0^{2\pi} \sin x\mathrm{d}x$. ( )

4. 作变速直线运动的物体所经过的路程等于其速度函数 $v = v(t)$ 在时间间隔 $[a,b]$ 上的定积分：$S = \int_a^b v(t)\mathrm{d}t$. ( )

二、填空题

1. 若函数在区间 $[a,b]$ 上连续且 $f(x) \leqslant 0$ ，则定积分 $\int_a^b f(x)\mathrm{d}x$ 表示由曲线 $y = f(x)$ 、直线 $x = a,\ x = b$ 与 x 轴所围成的曲边梯形的面积的____________.

2. 由曲线 $y = x^3$ 和直线 $x = -1, x = 0$ 所围成的平面图形的面积为 $A =$____________.

3. 由曲线 $y = \sin x$ 和直线 $x = 0, x = 2\pi$ 所围成的平面图形的面积为 $A =$____________.

4. 在 $[a,b]$ 上，若 $f(x) \geqslant g(x) \geqslant 0$ ，则由曲线 $y = f(x)$ $y = g(x)$ 及直线 $x = a, x = b$ 所围成的平面图形的面积为____________.

三、选择题

1. 由曲线 $y = x^3$ 和直线 $x = -1, x = 1$ 所围成的平面图形的面积 S 为（ ）.

A. $\int_{-1}^1 x^3 \mathrm{d}x$　　B. $\int_{-1}^0 x^3 \mathrm{d}x + \int_0^1 x^3 \mathrm{d}x$

C. $\int_{-1}^0 x^3 \mathrm{d}x - \int_0^1 x^3 \mathrm{d}x$　　D. $\int_0^1 x^3 \mathrm{d}x - \int_{-1}^0 x^3 \mathrm{d}x$

2. 由曲线 $y = x^2$ 和直线 $x = -1, x = 1$ 所围成的平面图形的面积为 S，下列结论错误的是（ ）.

A. $S = \int_{-1}^1 x^2 \mathrm{d}x$　　B. $S = \int_{-1}^0 x^2 \mathrm{d}x + \int_0^1 x^2 \mathrm{d}x$

C. $S = \int_{-1}^0 x^2 \mathrm{d}x + \int_0^1 x^2 \mathrm{d}x$　　D. $S = \int_0^1 x^2 \mathrm{d}x - \int_{-1}^0 x^2 \mathrm{d}x$

3. 利用定积分的几何意义判断下列等式不正确的是（　　）.

A. $\int_{-2}^{2} x^2 \mathrm{d}x = 2\int_{0}^{2} x^2 \mathrm{d}x$

B. $\int_{-2}^{2} x^3 \mathrm{d}x = 2$

C. $\int_{a}^{b} f(x) \mathrm{d}x < 0$（在 $[a,b]$ 上 $f(x) < 0$）

D. $\int_{-\pi}^{\pi} \sin x \mathrm{d}x = 2\int_{0}^{\pi} \sin x \mathrm{d}x$

4. 利用定积分的几何意义判断下列等式不正确的是（　　）.

A. $\int_{0}^{R} \sqrt{R^2 - x^2} \mathrm{d}x = \frac{\pi R^2}{2}$

B. $\int_{-R}^{R} \sqrt{R^2 - x^2} \mathrm{d}x = \frac{\pi R^2}{2}$

C. $\int_{-R}^{R} \sqrt{R^2 - x^2} \mathrm{d}x = \pi R^2$

D. $\int_{0}^{R} \sqrt{R^2 - x^2} \mathrm{d}x = \pi R^2$

四、解答题

1. 叙述定积分的几何意义.

2. 物体以速度 $v = 2t + 1$ 作直线运动，用定积分表示该物体在时间区间 $[0,3]$ 内所经过的路程，并说明这定积分的几何意义，用其几何意义算出这定积分的值.

3. 用定积分表示由曲线 $y = x^2 + 1$ 和直线 $x = 0, x = 2$ 及 x 轴所围成的曲边梯形的面积 A.

4. 利用定积分的几何意义说明下列等式成立的理由：

（1）$\int_{-\frac{\pi}{2}}^{\frac{\pi}{2}} \sin x \mathrm{d}x = 0$；

（2）$\int_{-2}^{2} x^2 \mathrm{d}x = 2\int_{-2}^{0} x^2 \mathrm{d}x$；

（3）$\int_{0}^{R} \sqrt{R^2 - x^2} \mathrm{d}x = \frac{\pi R^2}{4}$.

8.4　定积分的计算公式及其性质

内容提要

8.4.1　定积分的计算公式

定理　若函数在区间 $[a,b]$ 上连续，$F(x)$ 是 $f(x)$ 的一个原函数，则

$$\int_a^b f(x)\mathrm{d}x = F(b)-F(a)$$

上述公式称为**牛顿-莱布尼茨（Newton-Leibniz）公式**. 为了使用方便，常把它写成下面的形式：

$$\int_a^b f(x)\mathrm{d}x = F(x)\Big|_a^b = F(b)-F(a)$$

这个公式说明，计算定积分 $\int_a^b f(x)\mathrm{d}x$，只需先求出 $f(x)$ 的一个原函数 $F(x)$，而 $F(x)$ 在积分上、下限 b、a 处的函数值之差 $F(b)-F(a)$，就是所求的定积分.

注意：设 C 为任意常数，因为

$$[F(x)+C]_a^b = [F(b)+C]-[F(a)+C] = F(b)-F(a)$$

所以在求定积分时，只需写 $f(x)$ 的一个原函数 $F(x)$，不需再加积分常数 C.

8.4.2　定积分的性质

假定：下列性质中的定积分存在.

性质 1　被积函数的常数因子可以提到积分符号的前面，即

$$\int_a^b kf(x)\mathrm{d}x = k\int_a^b f(x)\mathrm{d}x \text{（}k\text{ 为不等于 0 的常数）}$$

性质 2　两个函数的代数和的定积分等于这两个函数定积分的代数和，即

$$\int_a^b [f(x)\pm g(x)]\mathrm{d}x = \int_a^b f(x)\mathrm{d}x \pm \int_a^b g(x)\,\mathrm{d}x$$

性质 3 （定积分的可加性）如果积分区间$[a,b]$被点c分成两个小区间$[a,c]$与$[c,b]$，则有

$$\int_a^b f(x)\mathrm{d}x=\int_a^c f(x)\mathrm{d}x+\int_c^b f(x)\mathrm{d}x$$

例题解析

例 1 计算 $\int_2^8 \frac{1}{\sqrt{x}}\mathrm{d}x$.

解 因为$\int\frac{1}{\sqrt{x}}\mathrm{d}x=2\sqrt{x}+C$，所以

$$\int_2^8 \frac{1}{\sqrt{x}}\mathrm{d}x=[2\sqrt{x}]_2^8=2\sqrt{8}-2\sqrt{2}=2\sqrt{2}$$

例 2 计算 $\int_1^4 \frac{1}{x}\mathrm{d}x$.

解 $\int_1^4 \frac{1}{x}\mathrm{d}x=(\ln x)\big|_1^4=\ln 4-\ln 1=2\ln 2$

例 3 计算 $\int_{\frac{1}{2}}^{\frac{\sqrt{2}}{2}}\frac{1}{\sqrt{1-x^2}}\mathrm{d}x$.

解
$$\int_{\frac{1}{2}}^{\frac{\sqrt{2}}{2}}\frac{1}{\sqrt{1-x^2}}\mathrm{d}x=\arcsin x\Big|_{\frac{1}{2}}^{\frac{\sqrt{2}}{2}}=\arcsin\frac{\sqrt{2}}{2}-\arcsin\frac{1}{2}$$
$$=\frac{\pi}{4}-\frac{\pi}{6}=\frac{\pi}{12}$$

例 4 计算 $\int_2^4 \frac{1}{x^2}\mathrm{d}x$.

解 因为$\int\frac{1}{x^2}\mathrm{d}x=-\frac{1}{x}+C$，所以

$$\int_2^4 \frac{1}{x^2}\mathrm{d}x=\left[-\frac{1}{x}\right]_2^4=-\frac{1}{4}-\left(-\frac{1}{3}\right)=\frac{1}{12}$$

例 5 $\int_0^\pi x^2\sin x\mathrm{d}x$.

解 查简易积分表得

$$\int x^2\sin x\mathrm{d}x=-x^2\cos x+2\sin x+2\cos x+C$$

所以
$$\int_0^\pi x^2\sin x\mathrm{d}x=[-x^2\cos x+2\sin x+2\cos x]_0^\pi$$
$$=[-\pi^2\cos\pi+2\sin\pi+2\cos\pi-(-0^2\cos 0+2\sin 0+2\cos 0)]$$
$$=\pi^2-4$$

例 6　$\int_2^{\mathrm{e}} \frac{1}{x\ln x}\mathrm{d}x$.

解　查简易积分表得

$$\int x\ln x\mathrm{d}x = \ln(\ln x)+C$$

$$\int_2^{\mathrm{e}} x\ln x\mathrm{d}x = \ln(\ln x)\Big|_2^{\mathrm{e}} = \ln(\ln \mathrm{e})-\ln(\ln 2) = -\ln(\ln 2)$$

例 7　$\int_1^2 x^2\sqrt{x^2+4}\mathrm{d}x$.

解　查简易积分表得

$$\int x^2\sqrt{x^2+a^2}\,\mathrm{d}x$$

$$=\frac{x}{8}(2x^2+a^2)\sqrt{x^2+a^2}-\frac{a^4}{8}\ln\left(x+\sqrt{x^2+a^2}\right)+C$$

所以　$\int_1^2 x^2\sqrt{x^2+4}\mathrm{d}x$

$$=\left[\frac{x}{8}(2x^2+2^2)\sqrt{x^2+2^2}-\frac{2^4}{8}\ln\left(x+\sqrt{x^2+2^2}\right)\right]_1^2$$

$$=6\sqrt{2}-2\ln(2+2\sqrt{2})-\frac{3\sqrt{5}}{4}-2\ln(1+\sqrt{5})$$

例 8　$\int_0^{\frac{3\pi}{2}}(2x+3\sin x)\,\mathrm{d}x$.

解　$\int_0^{\frac{3\pi}{2}}(2x+3\sin x)\,\mathrm{d}x = 2\int_0^{\frac{3\pi}{2}} x\mathrm{d}x+3\int_0^{\frac{\pi}{2}}\sin x\mathrm{d}x$

$$=2\left[\frac{1}{2}x^2\right]_0^{\frac{3\pi}{2}}+3[-\cos x]_0^{\frac{3\pi}{2}}=\frac{9\pi^3}{4}$$

例 9　$\int_0^1(x\mathrm{e}^x-x\arctan x)\mathrm{d}x$.

解　查简易积分表得

$$\int x\mathrm{e}^{ax}\mathrm{d}x=\frac{\mathrm{e}^{ax}}{a^2}(ax-1)+C$$

$$\int x\arctan\frac{x}{a}\mathrm{d}x=\frac{1}{2}(x^2+a^2)\arctan\frac{x}{a}-\frac{ax}{2}+C$$

所以　$\int_0^1(x\mathrm{e}^x-x\arctan x)\mathrm{d}x$

$$=\int_0^1 x\mathrm{e}^x\mathrm{d}x-\int_0^1 x\arctan x\mathrm{d}x$$

$$=\left[\mathrm{e}^x(x-1)\right]_0^1+\left[\frac{1}{2}(x^2+1)\arctan x-\frac{x}{2}\right]_0^1$$

$$=1+\frac{\pi}{4}-\frac{1}{2}=\frac{\pi}{4}+\frac{1}{2}$$

例 10 求 $\int_1^e x^2 \ln x dx$.

解 被积函数含有对数函数，其中 $n=2$，查表得

$$\int x^2 \ln x dx = x^{2+1}\left[\frac{\ln x}{2+1}-\frac{1}{(2+1)^2}\right]+C = x^3\left[\frac{\ln x}{3}-\frac{1}{9}\right]+C$$

$$\int_1^e x^2 \ln x dx = \left[x^3\left(\frac{\ln x}{3}-\frac{1}{9}\right)\right]_1^e = \frac{2e^3+1}{9}$$

精选习题

一、判断题

1. $\int_0^{\frac{\pi}{2}}(\sin x+1)dx = \int_0^{\frac{\pi}{2}}\sin x dx + 1$. （ ）

2. $\int_0^{\pi} x^2 \sin x dx = \int_0^{\pi} x^2 dx \int_0^{\pi}\sin x dx$. （ ）

3. $\int_a^b f'(x)\,dx = f(b)-f(a)$. （ ）

4. $\int_1^3 x^3 dx = \int_1^2 x^3 dx + \int_2^3 x^3 dx$. （ ）

二、填空题

1. $F(x)\big|_a^b =$ ________.

2. $\int_a^b dx =$ ________.

3. $\int_0^{\frac{\pi}{2}}(\cos x+2)\,dx =$ ________.

4. 查表计算 $\int_2^e \frac{1}{x\ln x}dx =$ ________.

三、选择题

1. $\int_2^8\left(\frac{1}{\sqrt{x}}+2\right)dx$ 的值是（ ）.

A. $2\sqrt{2}+6$　　B. $2\sqrt{2}+2$

C. $2\sqrt{2}+12$　　D. $\sqrt{2}+6$

2. $\left[3x^2+2\right]_0^2$ 的值是（ ）.

A. 12　　B. 14

C. 16　　D. 以上都不对

3. $\int_{-2}^2 x^5 dx$ 的值是（ ）.

A. $\frac{1}{6}$　　B. $\frac{1}{32}$

C. 0　　D. 以上都不对

4. $\int_{\frac{\sqrt{3}}{3}}^{\sqrt{3}} \frac{1}{1+x^2} \mathrm{d}x$ 的值是(　　).

A. $\frac{\pi}{3}$　　B. $\frac{\pi}{6}$

C. $\frac{2\pi}{3}$　　D. 以上都不对

四、解答题

查表计算下列定积分：

（1）$\int_4^9 \sqrt{x}(1+\sqrt{x})\mathrm{d}x$；　（2）$\int_{-1}^0 \frac{3x^4+3x^2+1}{x^2+1}\mathrm{d}x$；

（3）$\int_0^1 x^2 \mathrm{e}^x \mathrm{d}x$；　（4）$\int_0^{\pi} x\cos x\mathrm{d}x$；

（5）$\int_1^{\mathrm{e}} x^3 \ln x\mathrm{d}x$.

8.5 定积分的应用

8.5.1 定积分的几何应用——平面图形的面积

（1）由连续曲线 $y=f(x)$（ $f(x)\geqslant 0$ ）与直线 $x=a$ ，$x=b$ 及 x 轴所围成的曲边梯形（见图 8.1）的面积

$$A=\int_a^b f(x)\mathrm{d}x$$

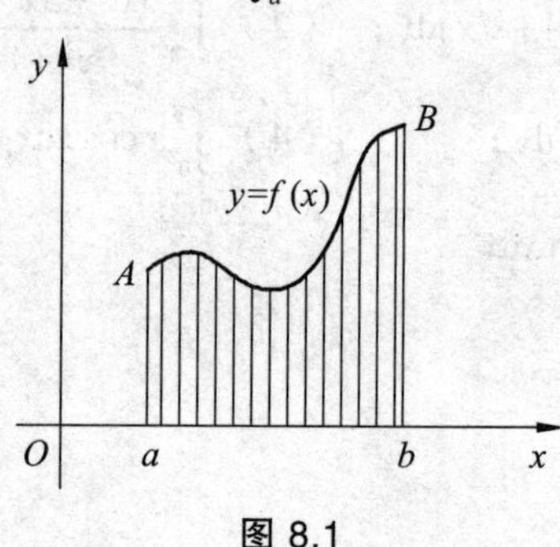

图 8.1

（2）由连续曲线 $y=f(x)$（ $f(x)\leqslant 0$ ）与直线 $x=a,\ x=b$ 及 x 轴所围成的曲边梯形（见图 8.2）的面积

$$A=-\int_a^b f(x)\mathrm{d}x$$

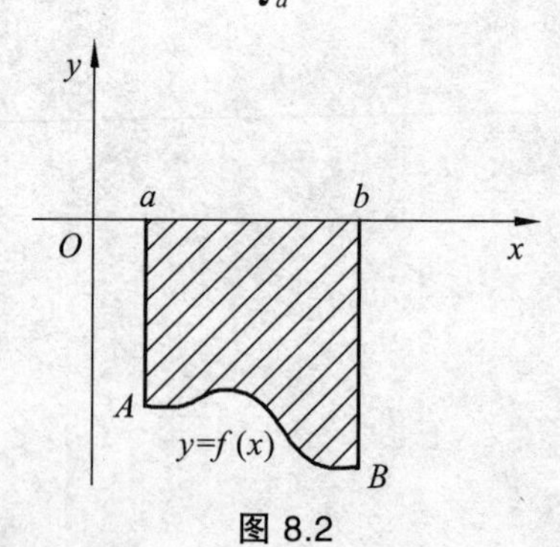

图 8.2

（3）由连续曲线 $y=f(x)$， $y=g(x)$（ $f(x)\geqslant g(x)$ ）及直线 $x=a$， $x=b\ (a<b)$ 所围成的曲边梯形（见图 8.3）的面积

$$A=\int_a^b f(x)\mathrm{d}x-\int_a^b g(x)\mathrm{d}x$$

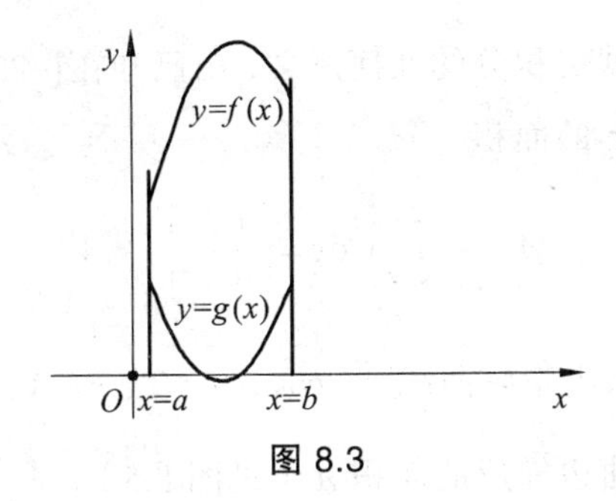

图 8.3

8.5.2　定积分的物理应用

1. 变速直线运动的路程

由定积分的定义，可得到作变速直线运动的物体所经过的路程 S 等于其速度函数 $v=v(t)$ 在时间间隔 $[a,b]$ 上的定积分：

$$S=\int_a^b v(t)\mathrm{d}t$$

2. 变力所做的功

由定积分的定义可得到变力 $F=f(x)$ 使物体沿力的方向由 x_1 移动到 x_2 所做的功 W 等于变力函数 $F=f(x)$ 在区间 $[x_1,\ x_2]$ 上的定积分：

$$W=\int_{x_1}^{x_2} f(x)\mathrm{d}x$$

例题解析

例 1　求由抛物线 $y=x^3$ 和直线 $x=-2$， $x=0$ 及 x 轴所围成的曲边梯形的面积 A（见图 8.4）.

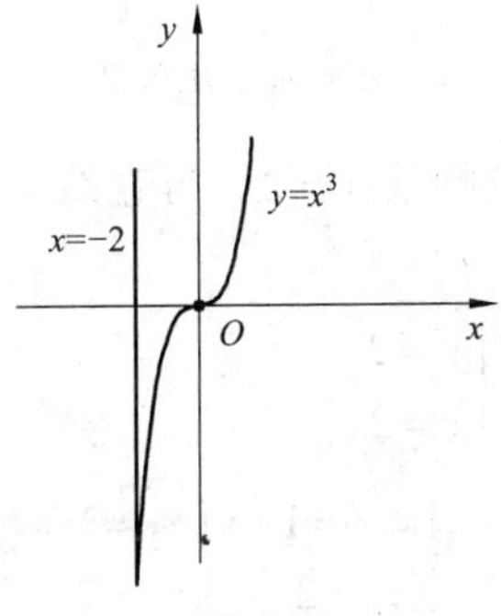

图 8.4

解 根据定积分的几何意义，由已知在$[-2,0]$上$x^3<0$，可得曲边梯形的面积

$$A=-\int_{-2}^{0}x^3\mathrm{d}x=\left[\frac{1}{4}x^4\right]_{-2}^{0}=4$$

例 2 求由正弦曲线$y=\cos x$和直线$x=0$、$x=\frac{3\pi}{2}$及x轴所围成的曲边梯形的面积A（见图 8.5）.

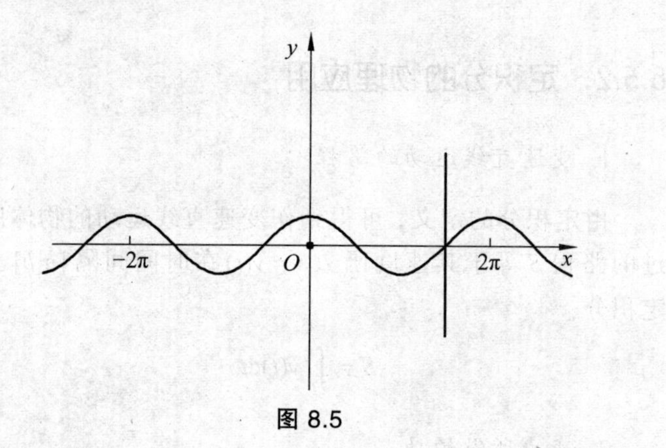

图 8.5

解 根据定积分的几何意义，可得曲边梯形的面积

$$A=A_1+A_2$$

在$\left[0,\frac{\pi}{2}\right]$上，$\cos x>0$，则

$$A_1=\int_0^{\frac{\pi}{2}}\cos x\mathrm{d}x=[\sin x]_0^{\frac{\pi}{2}}=1$$

在$\left[\frac{\pi}{2},\frac{3\pi}{2}\right]$上，$\cos x<0$，则

$$A_2=-\int_{\frac{\pi}{2}}^{\frac{3\pi}{2}}\cos x\mathrm{d}x=-[\sin x]_{\frac{\pi}{2}}^{\frac{3\pi}{2}}=2$$

故 $$A=A_1+A_2=2$$

例 3 求由抛物线$y=2x^2$与直线$y=2$所围成的图形（见图 8.6）的面积A.

解 解方程组$\begin{cases}y=2\\y=2x^2\end{cases}$，得

$$\begin{cases}x_1=-1\\y_1=2\end{cases},\quad\begin{cases}x_2=1\\y_2=2\end{cases}$$

即抛物线与直线 $y=2$ 的交点为 $A(-1,2)$，$B(1,2)$，确定积分区间为 $[-1,1]$，根据定积分的几何意义，可得曲边梯形的面积

$$A=\int_{-1}^{1}(2-2x^2)\,dx=\left[2x-\frac{2}{3}x^3\right]_{-1}^{1}=\frac{8}{3}$$

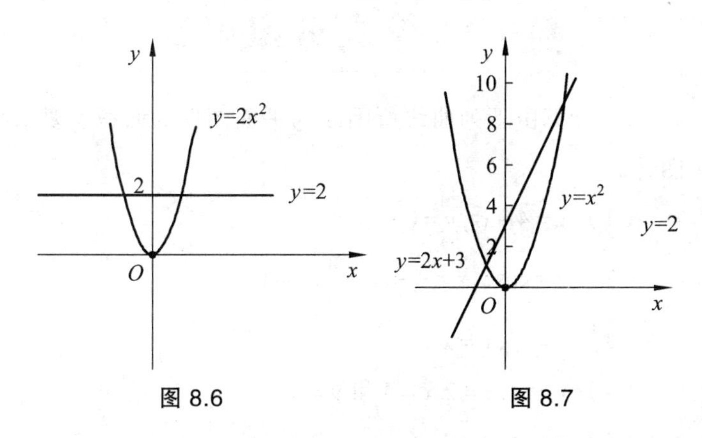

图 8.6　　图 8.7

例 4　计算由两条抛物线 $y=x^2$ 和 $y=2x+3$ 所围成的图形（见图 8.7）的面积.

解　如图 8.7 所示，解方程组

$$\begin{cases} y=x^2 \\ y=2x+3 \end{cases}$$

得

$$\begin{cases} x_1=-1 \\ y_1=1 \end{cases},\quad \begin{cases} x_2=3 \\ y_2=9 \end{cases}$$

即两条抛物线的交点为 $A_1(-1,1)$，$A_2(3,9)$. 确定积分区间为 $[-1,3]$，根据定积分的几何意义，可得曲边梯形的面积

$$A=\int_{-1}^{3}(2x+3-x^2)dx=\left[x^2+3x-\frac{1}{3}x^3\right]_{-1}^{3}=10\frac{2}{3}$$

例 5　已知弹簧原长 0.50 m，每压缩 0.01 m 需用力 4 N，求把弹簧从 0.45 m 压缩到 0.30 m 时所做的功.

解　在弹性限度内，拉长（或压缩）弹簧所需的力与伸长量（或压缩量）成正比，即当拉弹簧拉长 x(m)时，需用力

$$F=f(x)=kx\quad (\text{其中 } k \text{ 为比例系数})$$

将题设条件 $x=0.01$ m 时，$F=4$ N，代入上式得

$$k=4\times10^2$$

则

$$F=f(x)=4\times10^2x$$

确定积分区间为[0, 0.15]，于是变力所做的功为

$$W=\int_{0}^{0.15}4\times10^{2}x\mathrm{d}x=4\times10^{2}\left[\frac{x^{2}}{2}\right]_{0}^{0.15}=4.5\text{ J}$$

1. 计算由下列曲线所围成的平面图形的面积，要求绘图计算.

（1）$y=4-x^2, y=0$；

（2）$y=\cos x, x=-\dfrac{\pi}{4}, x=\dfrac{\pi}{4}, y=0$；

（3）$y=x^2, y=x$；

（4）$y=\mathrm{e}^x, x=2, x=4$ 和 $y=0$；

（5）$y=x^2, y=2x+3$；

（6）$y=x^2, y=-x^2+8$.

2. 已知弹簧原长 0.30 m，每压缩 0.01 m 需用力 2 N，求把弹簧从 0.25 m 压缩到 0.20 m 时所做的功.

3. 设把一金属杆的长度从 a 拉长到 $a+x$ 时所需的力等于 $\frac{k}{a}x$（其中 k 为常数），求将金属杆由长度 a 拉长到 b 时所做的功.

4. 设一物体沿直线运动，其速度 $v=\sqrt{1+t}$（m/s），试求物体在运动开始后 10 s 内所经过的路程.

☞ 阅读材料

微积分的基本应用

提起微积分，一般人都知道那是数学的重要组成部分，是由英国科学家牛顿和德国数学家莱布尼茨在 17 世纪创立的，属于高等数学. 它的定理、公式一大堆，写出来又多又长又不好记，叫人一看就头疼. 其实它的基本原理，或者说基本思想抑或基本表述却很简单，可以概括为：微分等于无限细分，积分等于无限求和，两者合并叫微积分. 也就是说，对某些不太好测量、计算、把握、分析的东西，先把它拆解成一个个独立的小单元，加以研究计算，得出结论（微分），然后再把它们累计相加，得出总结论（积分）. 有了它，对繁杂、纷乱的世界、事物，我们就有了精确把握的认识，以及对一些难于驾驭的东西进行顺利把握的应用.

微积分的应用非常广泛，最典型的应用是求曲线的长度、曲线的切线、不规则图形的面积. 它在天文学、力学、数学、物理学、化学、生物学、工程学以及社会科学等各个领域都发挥着重要作用. 微积分的基本原理或思想，不但在大的方面应用广泛，在我们日常生活中也有广泛应用. 比如谷歌地球，中央电视台新闻频道的时事报道中，常看到地球转向某一点，放大、显现出地名，播送最新动态的新闻画面. 它的整体概貌是拼装的，是由卫星将地球分成一个个小区域进行拍照，最后拼接成地球的形状，才让我们能够形象地、跨时空地欣赏新闻报道的同步魅力. 再如，现在的数字音像制品以及正时兴的数字油画，都是把声音和图像分解成一个个音素或像素，用数字的方式来记录、保存，重放时，再由设备用数字方式来解读还原，使我们听到或看到几乎和原作一模一样的音像. 诸如此类的应用比比皆是.